"十三五"国家重点出版物出版规划项目

深远海创新理论及技术应用丛书

"高分三号"卫星海洋图像质量提升技术项目成果图集

林明森　袁新哲　谢春华　安文韬　崔利民等　著

海洋出版社

2018年·北京

图书在版编目(CIP)数据

“高分三号”卫星海洋图像质量提升技术项目成果图集 / 林明森等著. — 北京 : 海洋出版社, 2018.12
ISBN 978-7-5210-0273-7

Ⅰ. ①高… Ⅱ. ①林… Ⅲ. ①海洋观测卫星－卫星图像－图集 Ⅳ. ①P715.6-64

中国版本图书馆CIP数据核字(2018)第273114号

丛书策划：郑根娣
责任编辑：王　溪
责任印制：赵麟苏

海洋出版社 出版发行
http://www.oceanpress.com.cn
北京市海淀区大慧寺路 8 号　邮编：100081
北京朝阳印刷厂有限责任公司印刷　新华书店北京发行所经销
2018年11月第1版　2018年11月第1次印刷
开本：889mm × 1194mm　1 / 16　印张：4.75
字数：23千字　图幅数：100幅　定价：90.00 元
发行部：010-62132549　邮购部：010-68038093　总编室：010-62114335

《“高分三号”卫星海洋图像质量提升技术项目成果图集》

作者名单

林明森　袁新哲　谢春华　安文韬　崔利民

彭海龙　叶小敏　赵良波　孙吉利　仇晓兰

韩　冰　孙光才　仲利华　何　峰　丁泽刚

董　臻　余安喜　曾　韬　邹亚荣　朱海天

郭茂华

目 录

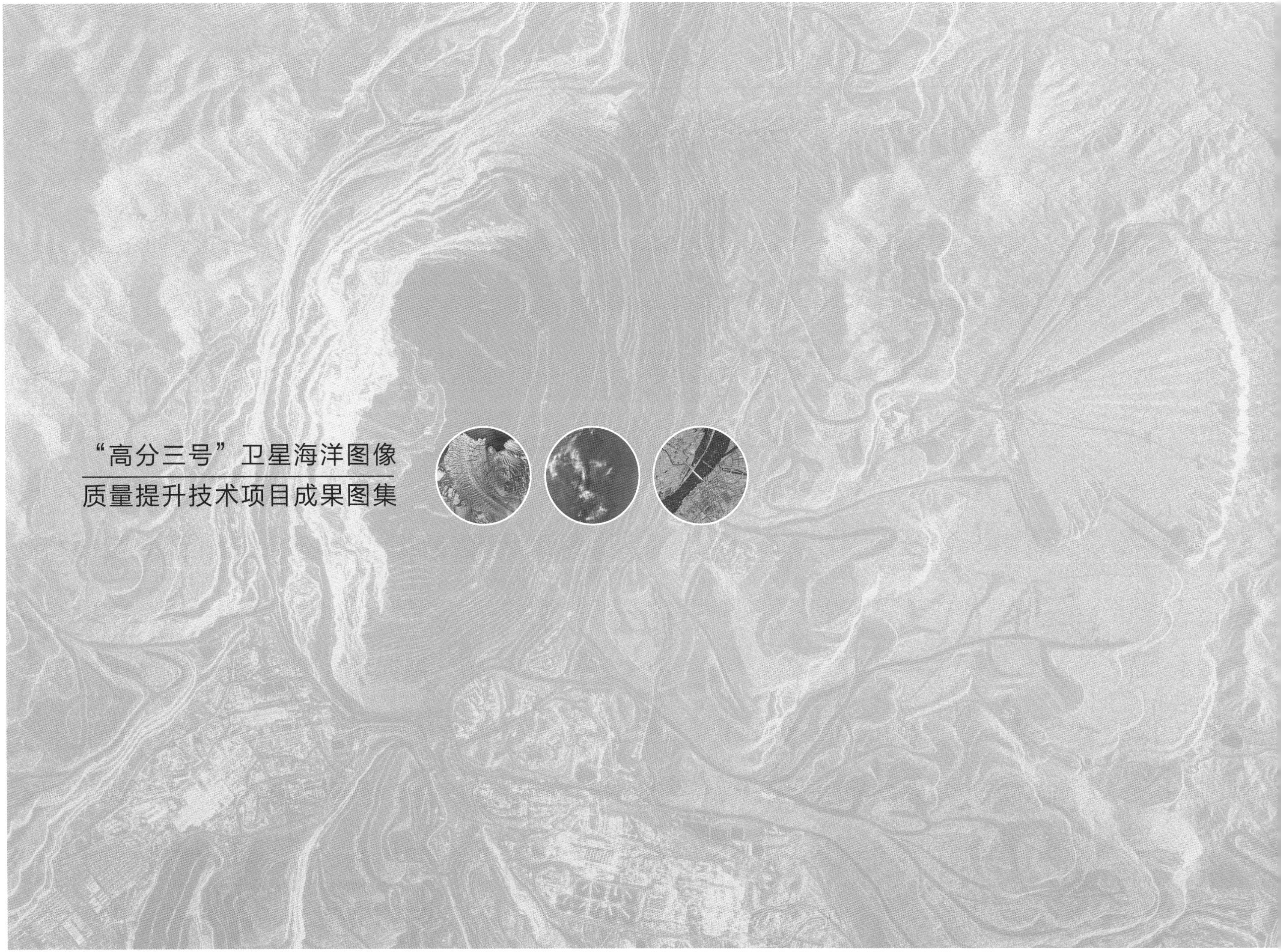

“高分三号”卫星海洋图像质量提升技术项目成果图集

第1章
“高分三号”卫星简介

1.1　卫星主要技术参数

“高分三号”（GF−3）卫星是完全由我国自主研制的第一颗海陆兼顾的民用多极化SAR卫星。星上载有C频段多极化合成孔径雷达（SAR）载荷。卫星于2016年8月10日6时55分在太原卫星发射中心成功发射。主要为海洋、减灾、水利、气象等行业提供观测数据。

表1.1　卫星主要技术参数

序号	名称	技术指标
1	卫星平台	ZY-1000B平台
2	轨道类型	太阳同步回归冻结轨道
3	轨道平均高度	755.436 5 km
4	降交点地方时	6:00 a.m.
5	轨道倾角	98.4110°
6	回归特性	29天418圈
7	姿态控制模式	整星三轴稳定控制模式
8	测控体制	USB测控体制+中继扩频测控体制
9	星上存储容量	2 × 1 Tbits
10	对地数传频段	X频段/8.212 GHz
11	下行码速率	2 × 450 Mbps
12	设计寿命	8年
13	卫星重量	2 850 kg

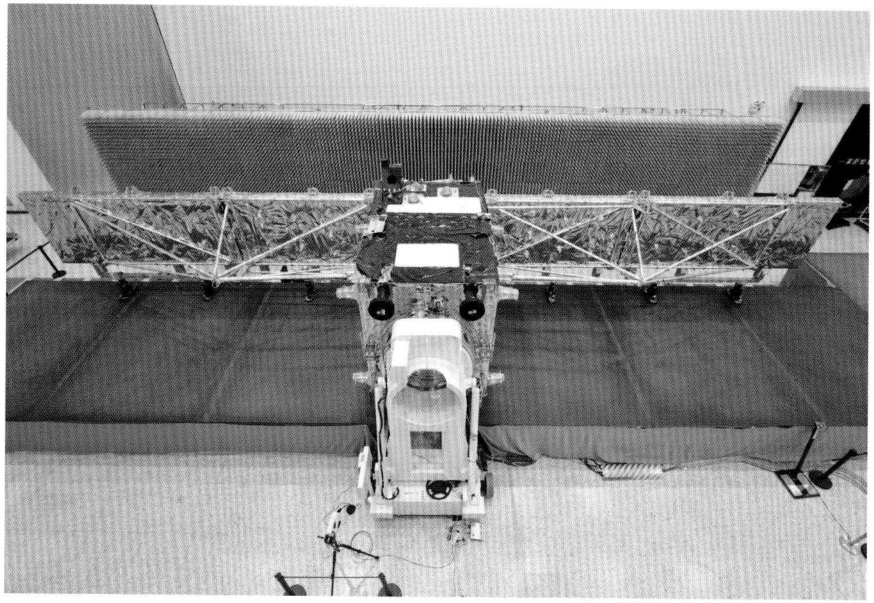

图1.1　“GF−3”卫星AR天线展开测试

图1.2　“GF−3”卫星力学试验

1.2　卫星成像模式

“GF-3”卫星合成孔径雷达载荷具有12种成像模式，包括两种海洋专用观测成像模式，波模式与全球观测模式。该卫星是目前世界上在轨雷达卫星成像模式最多的卫星。其最高分辨率为1 m，最大成像刈幅达到650 km，能够获取单、双、四极化数据，以满足不同海陆观测要素应用需求。同时卫星具备侧摆能力，极大提高了卫星应急观测能力。

表1.2　SAR成像模式技术参数

序号	成像模式		标称分辨率/m	标称成像幅宽/km	极化方式
1	聚束		1	10 km × 10 km	可选单极化
2	超精细条带		3	30	可选单极化
3	精细条带1		5	50	可选双极化
4	精细条带2		10	100	可选双极化
5	标准条带		25	130	可选双极化
6	窄幅扫描		50	300	可选双极化
7	宽幅扫描		100	500	可选双极化
8	全极化条带1		8	30	全极化
9	全极化条带2		25	40	全极化
10	波成像模式		10	5 km × 5 km	全极化
11	全球观测模式		500	650	可选双极化
12	扩展入射角	低入射角	25	130	可选双极化
		高入射角	25	80	可选双极化

图1.3　“GF-3”卫星SAR载荷有源相控阵天线

图1.4　“GF-3”卫星于2016年8月10日6时55分在太原卫星发射中心成功发射

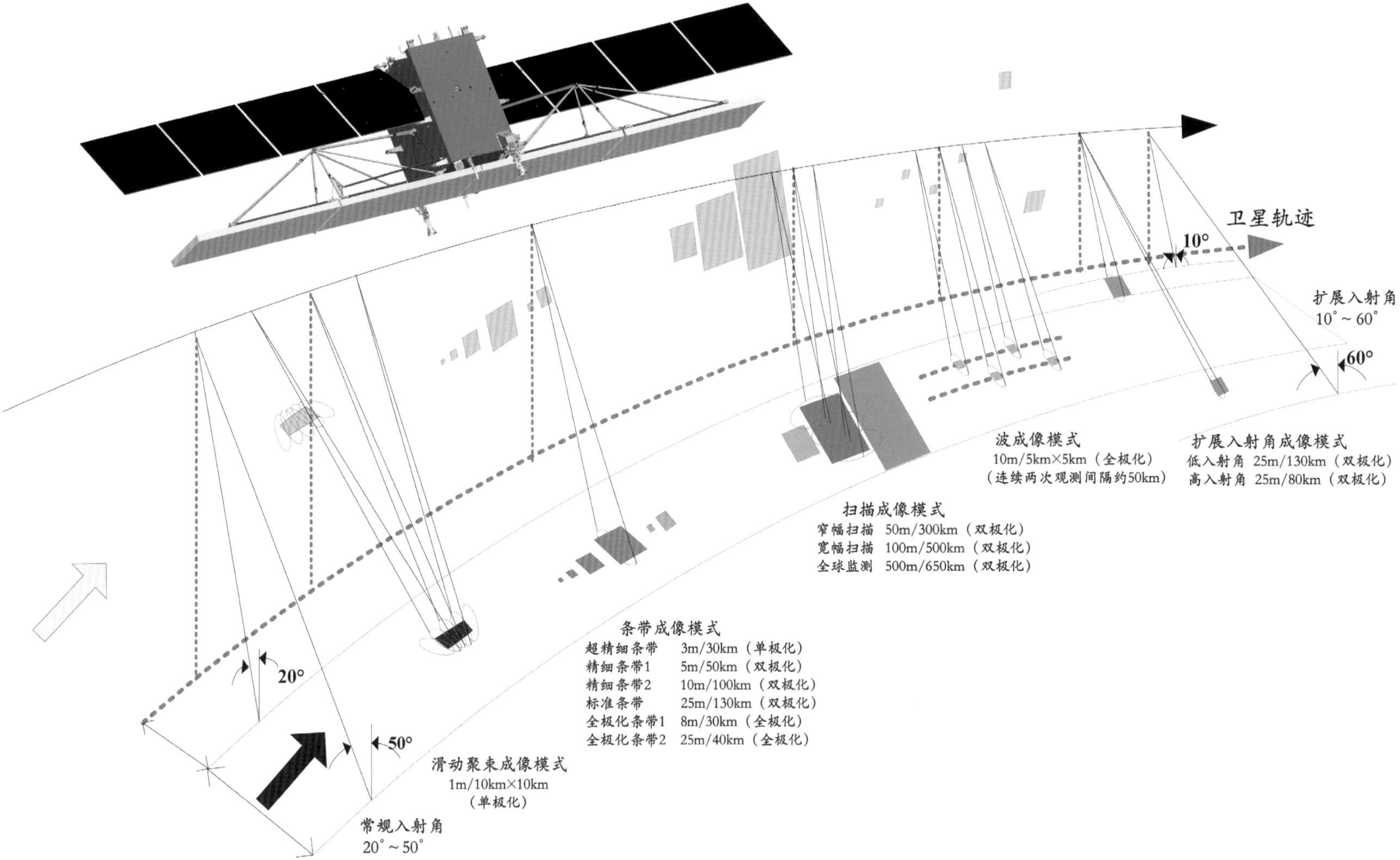
卫星轨迹
10°
扩展入射角
10°～60°
60°
波成像模式
10m/5km×5km（全极化）
（连续两次观测间隔约50km）
扩展入射角成像模式
低入射角 25m/130km（双极化）
高入射角 25m/80km（双极化）
扫描成像模式
窄幅扫描 50m/300km（双极化）
宽幅扫描 100m/500km（双极化）
全球监测 500m/650km（双极化）
条带成像模式
超精细条带 3m/30km（单极化）
精细条带1 5m/50km（双极化）
精细条带2 10m/100km（双极化）
标准条带 25m/130km（双极化）
全极化条带1 8m/30km（全极化）
全极化条带2 25m/40km（全极化）
20°
50°
滑动聚束成像模式
1m/10km×10km
（单极化）
常规入射角
20°～50°

图1.5 “GF-3”卫星成像模式示意图

第2章
“高分三号”卫星海洋应用

“高分三号”卫星在海洋领域主要应用于海洋灾害监测、海洋权益维护、海域与海岸带综合管理、海洋动力环境监测和极地环境监测与航行保障等。

海洋主要观测要素包括：海浪、海面风、海上船舶、油气平台、海面溢油、海冰、绿潮、岛礁、海岸线及海岸带典型地物、内波、中尺度涡、锋面、浅海地形、台风和海上强降水等。

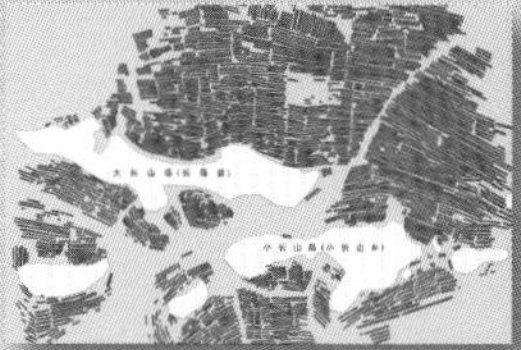

2.1　海洋灾害监测

台风监测

台风是最具破坏力的突发性海洋灾害之一，每年都给我国沿海经济建设、海洋开发和人民生命财产造成损失。“GF-3”卫星SAR载荷能够监测台风眼等台风精细结构，并从SAR图像中提取高分辨率台风风场。

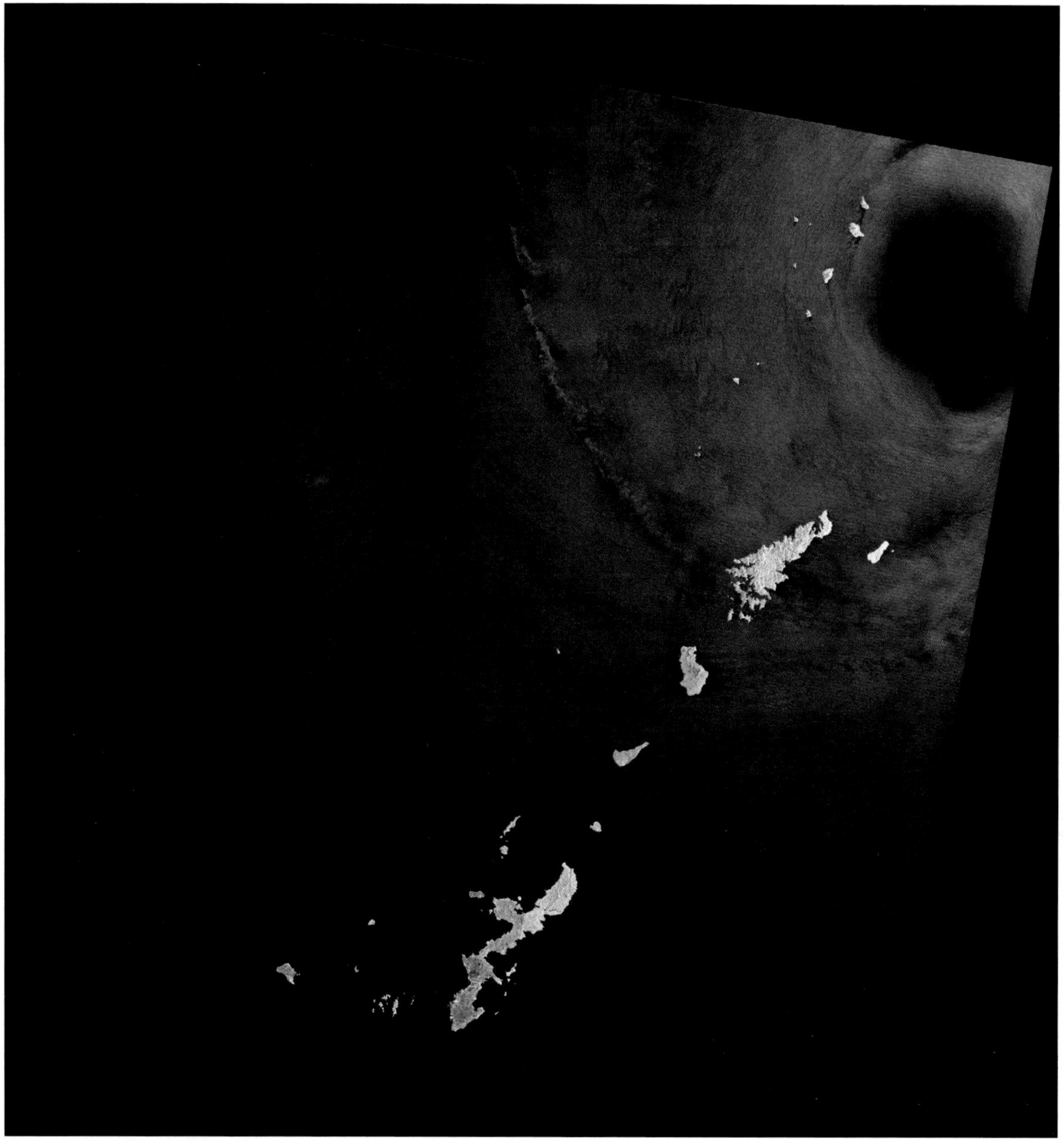

图2.1　台风“奥鹿”图像
（“GF-3”卫星，宽幅扫描模式，VH极化，2017年8月4日）

2017年国家卫星海洋应用中心联合航天科技集团第五研究院总体部、国家气象卫星中心和中国资源卫星应用中心首次开展了“GF−3”卫星台风监测。2017年共监测有编号台风6个，获取台风及登陆区域观测数据30余景，并制作了相应的台风监测产品。

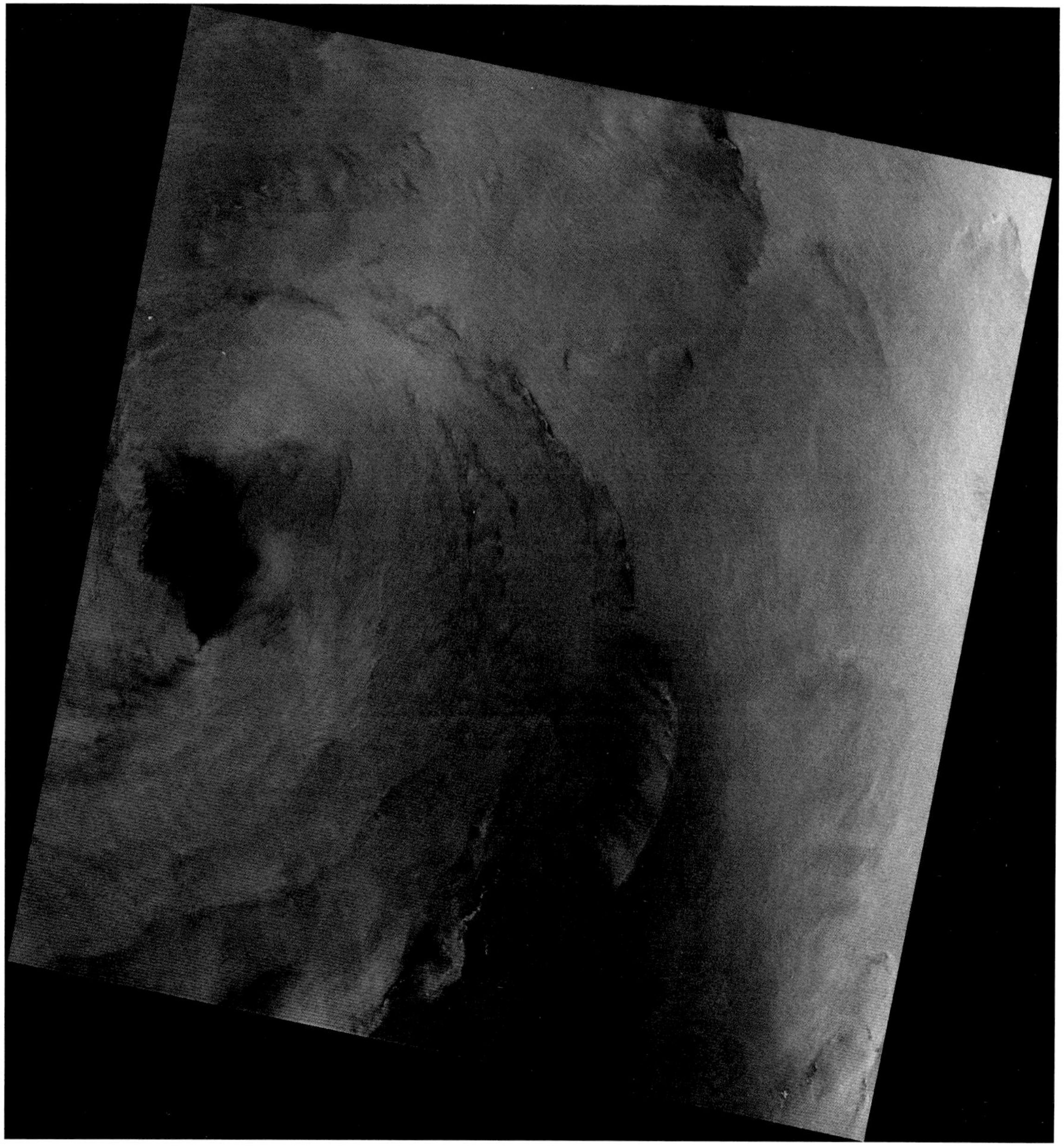

图2.2　台风“杜苏芮”图像

（“GF−3”卫星宽幅扫描模式，VV极化，2017年9月13日）

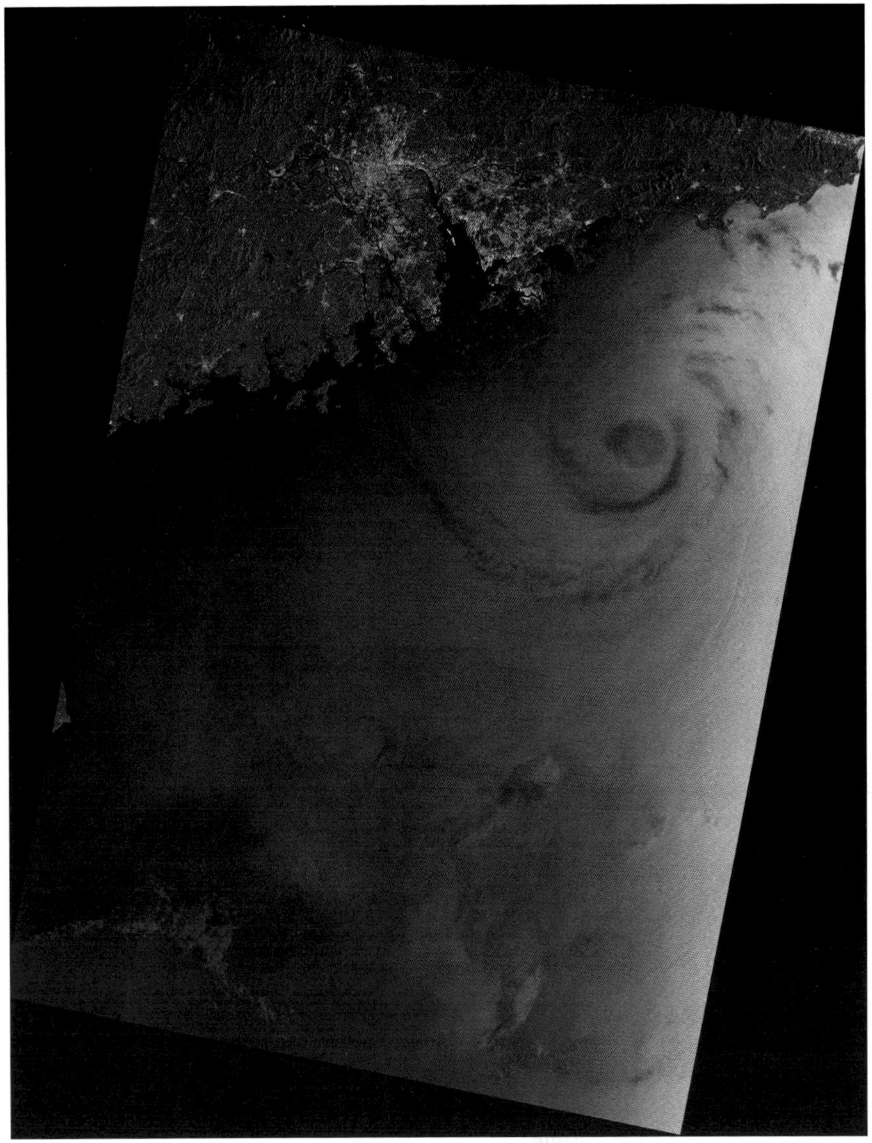

图2.3　台风“天鸽”图像
（“GF-3”卫星宽幅扫描模式，VV极化，2017年8月22日）

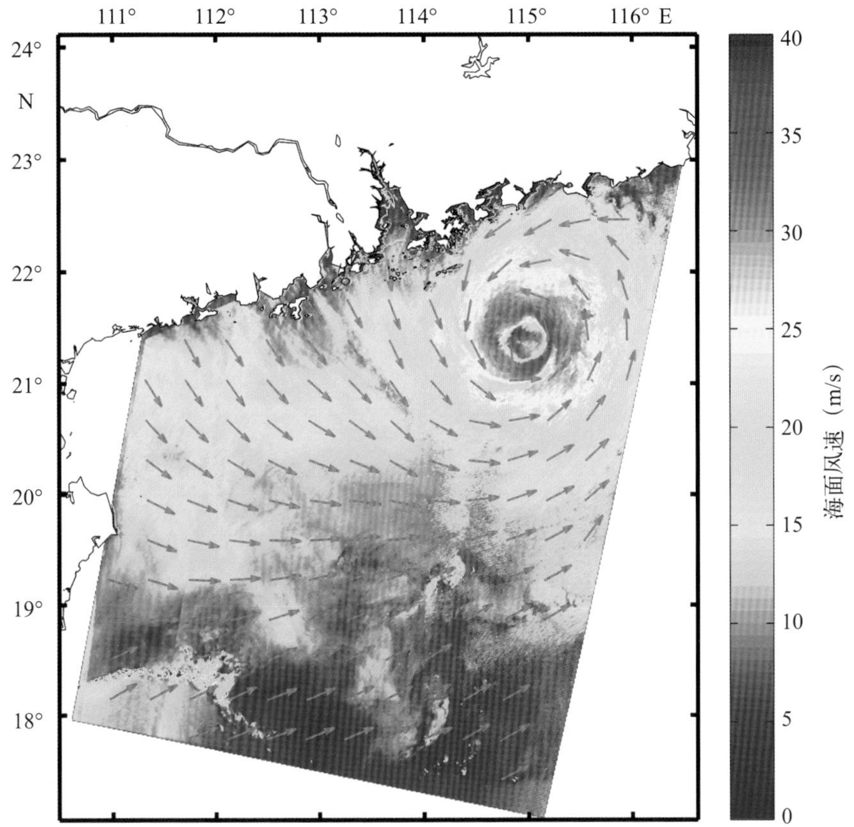

数据源：GF-3/SAR　观测时间：2017年8月23日　06 : 24（北京时间）
制作单位：国家卫星海洋应用中心

图2.4　台风“天鸽”风场产品

海上溢油监测

海面溢油会引起海面状态的一系列物理、化学变化和海洋生态变化，对海洋环境生态造成严重影响。近年我国海域溢油事件频发，“GF-3”卫星具有全天候、多模式数据获取能力，其数据已成为国家卫星海洋应用中心业务化海上溢油遥感监测系统重要的数据源。

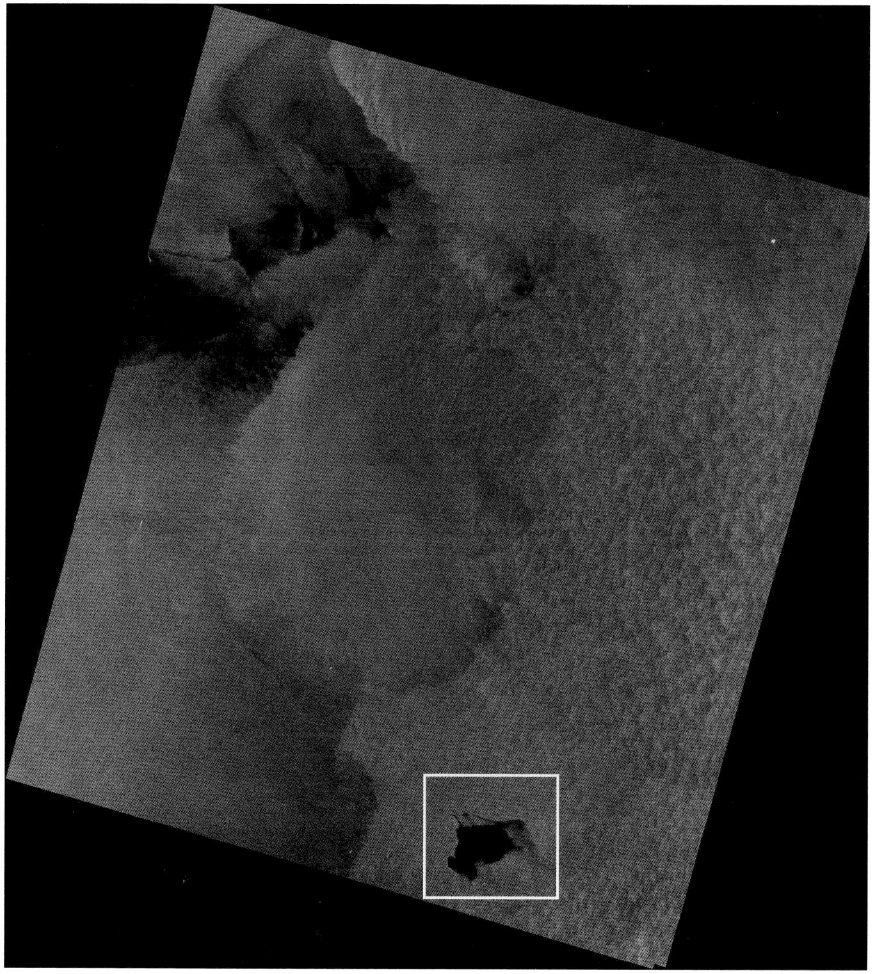

图2.5　东海“桑吉”号溢油图像

（“GF-3”卫星精细条带2模式，VV极化，2018年1月14日）

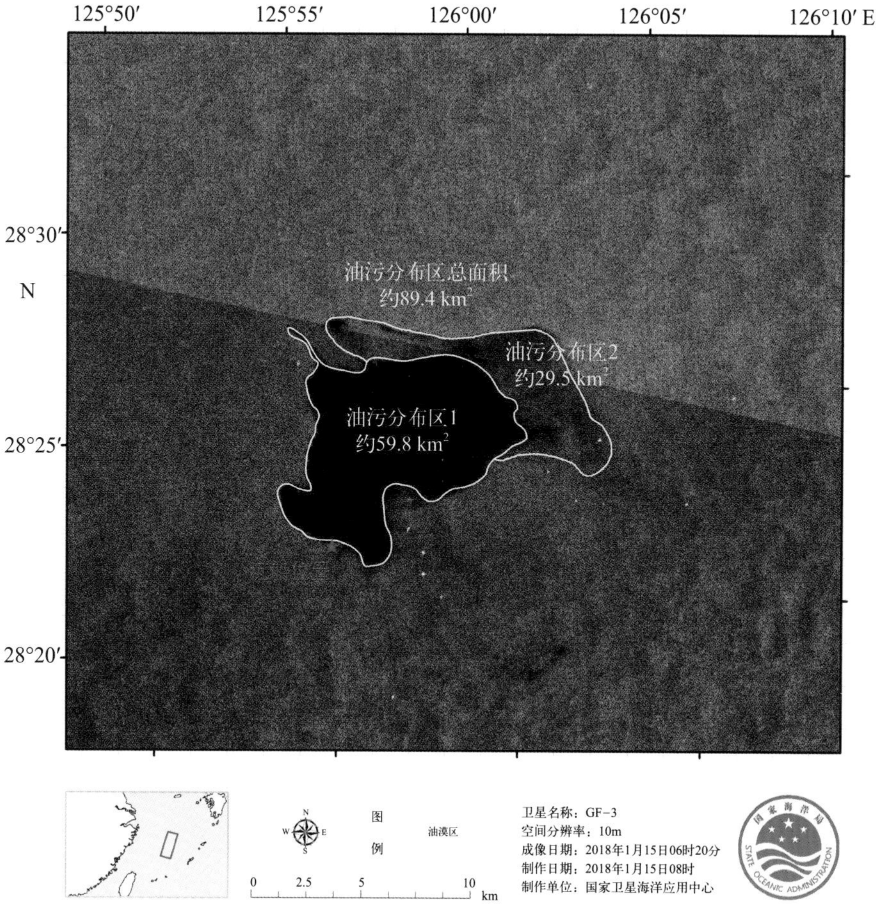

图2.6　东海“桑吉”号溢油监测专题图

2018年1月6日巴拿马籍油船“桑吉”号在长江口以东约160海里处发生碰撞，船载凝析油大量外泄。国家卫星海洋应用中心利用业务化海上溢油监视系统，及时开展了长达数月的“桑吉”号油船及其溢油的卫星遥感应急监测。其中，90%使用的卫星数据为“GF-3”卫星数据。

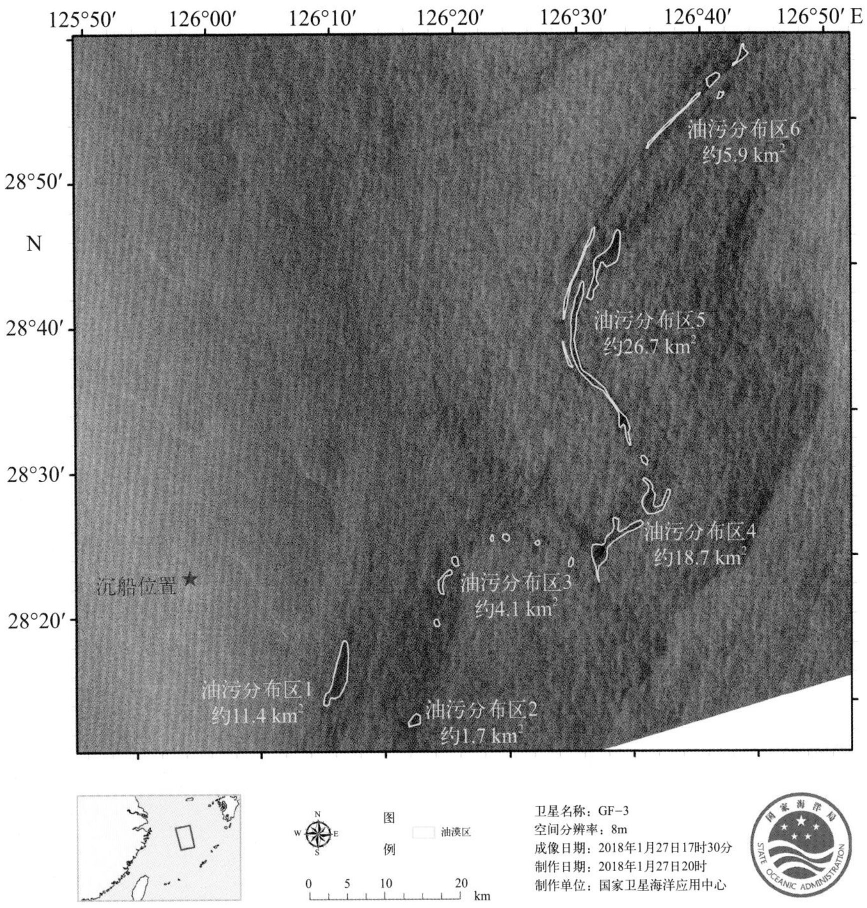

图2.7　东海“桑吉”号溢油监测专题图

（“GF-3”卫星标准条带模式，VV极化，2018年1月27日）

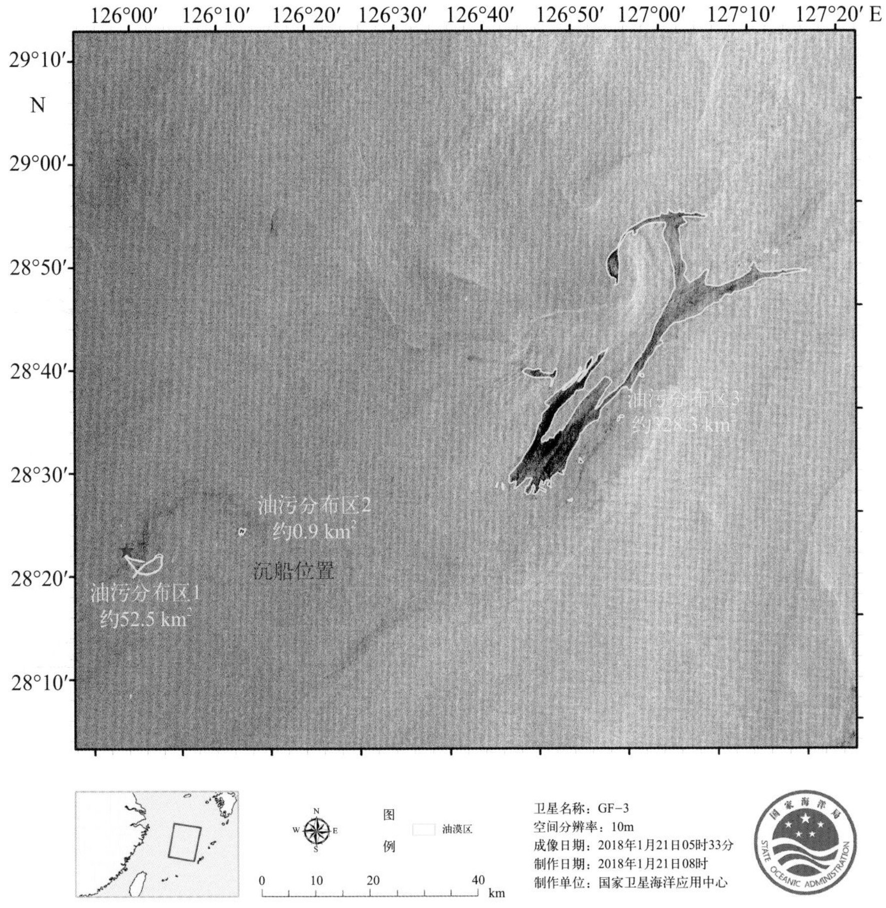

图2.8　东海“桑吉”号溢油监测专题图

（“GF-3”卫星精细条带2模式，VV极化，2018年1月21日）

绿潮监测

绿潮是特定环境条件下，海洋大型藻爆发性增殖或高度聚集而引起的有害生态现象。2018年青岛上合组织峰会举行期间，国家卫星海洋应用中心对黄海盐城附近海域发生的绿潮进行了有效监测。

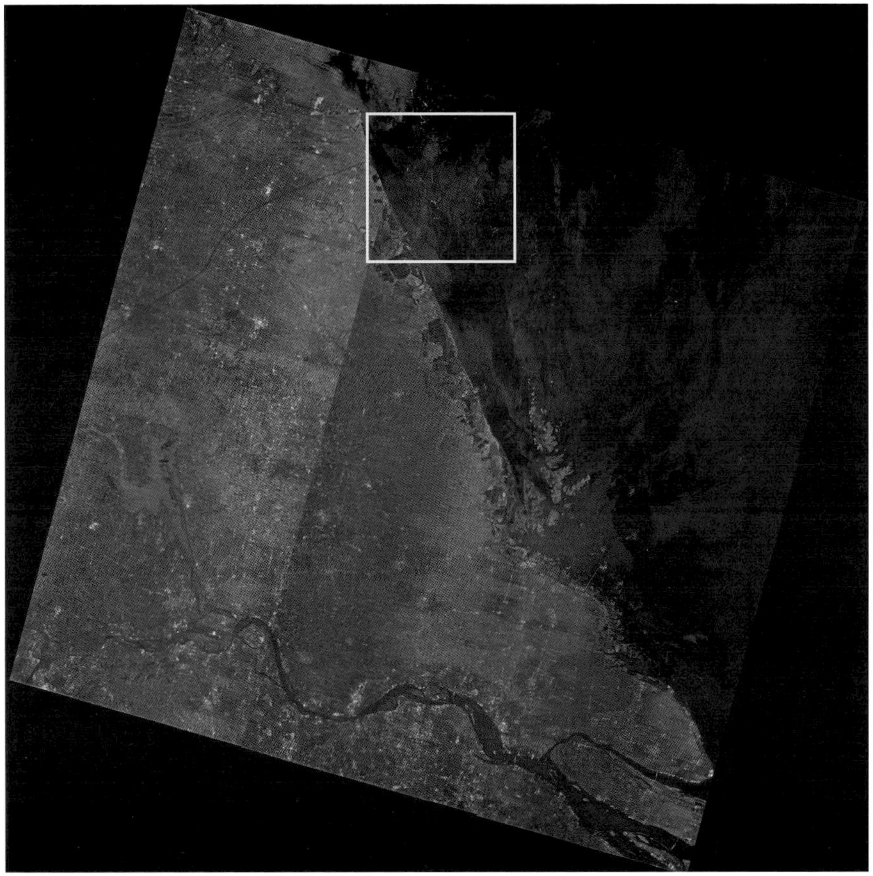

图2.9　黄海绿潮图像

（“GF-3”卫星窄幅扫描模式，HH极化，2018年6月10日）

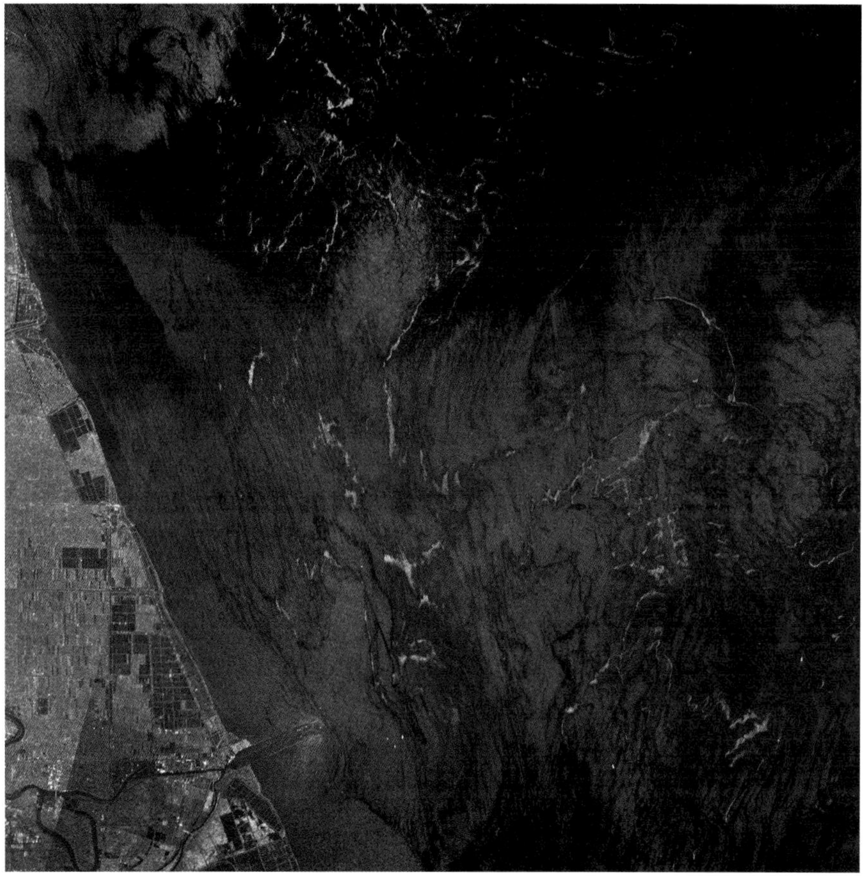

图2.10　黄海绿潮局部图像

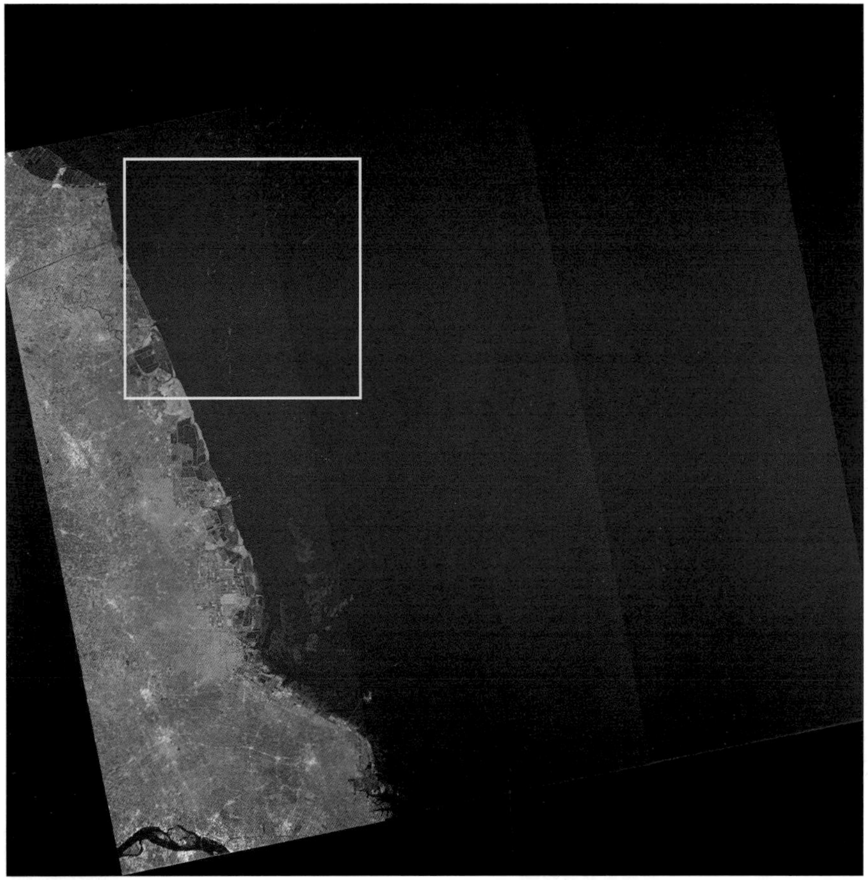

图2.11 黄海绿潮图像
（“GF-3”卫星窄幅扫描模式，HH极化，2018年6月23日）

图2.12 黄海绿潮局部图像

2.2 海洋权益维护

海上船舶

海上船舶与海岛人工目标是重要的海洋监视目标。利用“GF-3”卫星高分辨率数据对海上船舶与海岛人工目标进行检测与识别，能够为海洋权益维护提供信息支持。

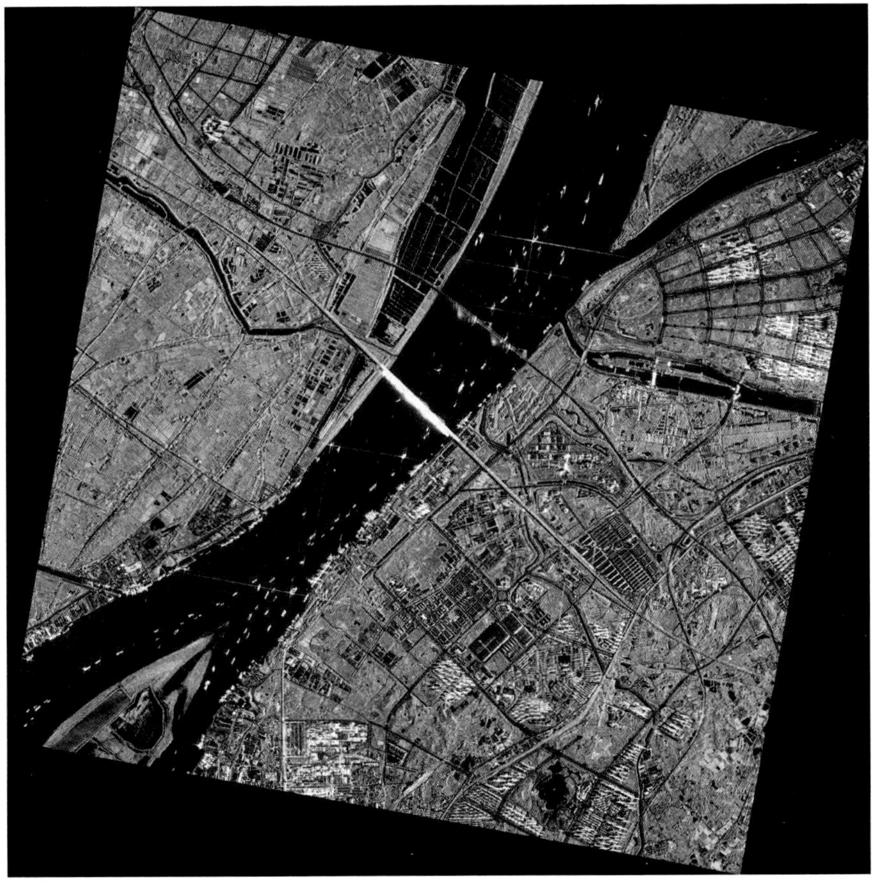

图2.13 江苏省南京市长江船舶图像
（“GF-3”卫星聚束模式，HH极化，2016年11月15日）

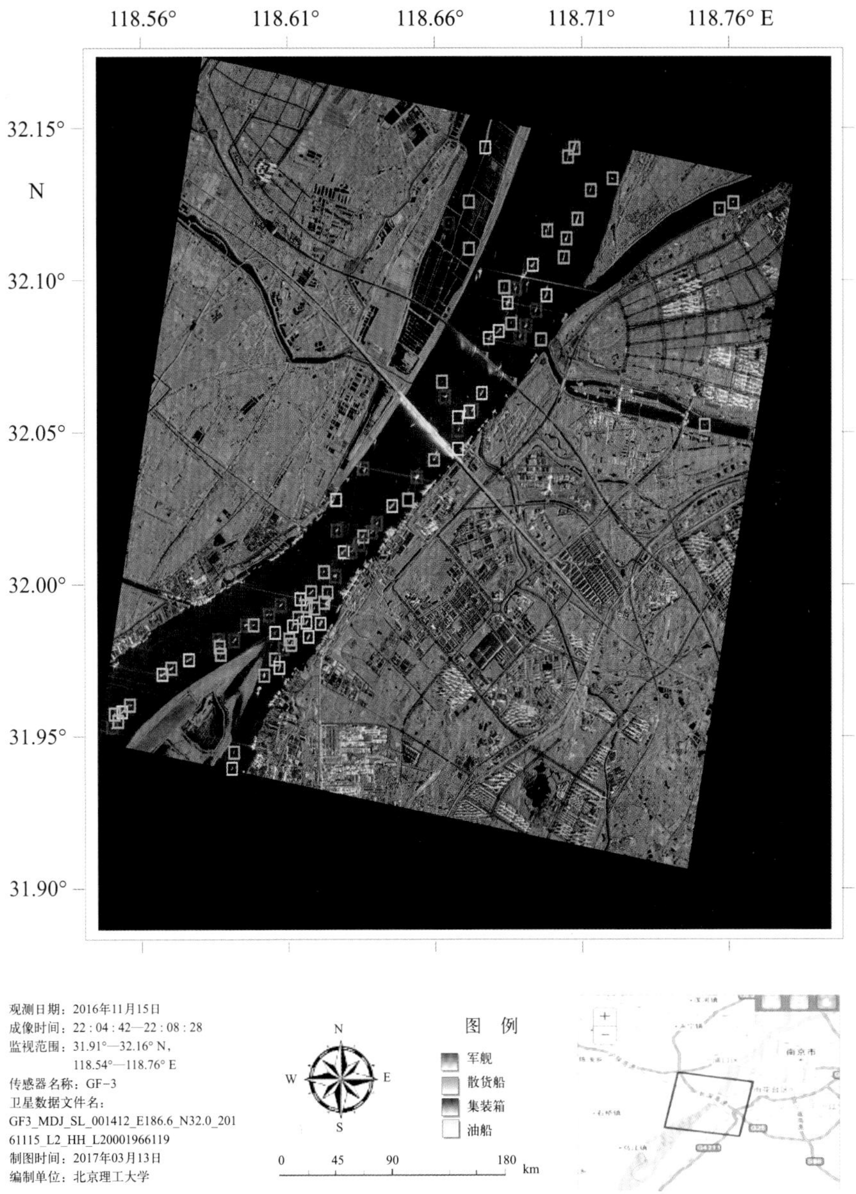

图2.14 船舶识别专题图

图2.15　新加坡港船舶图像

（“GF-3”卫星聚束模式，HH极化，2018年6月23日）

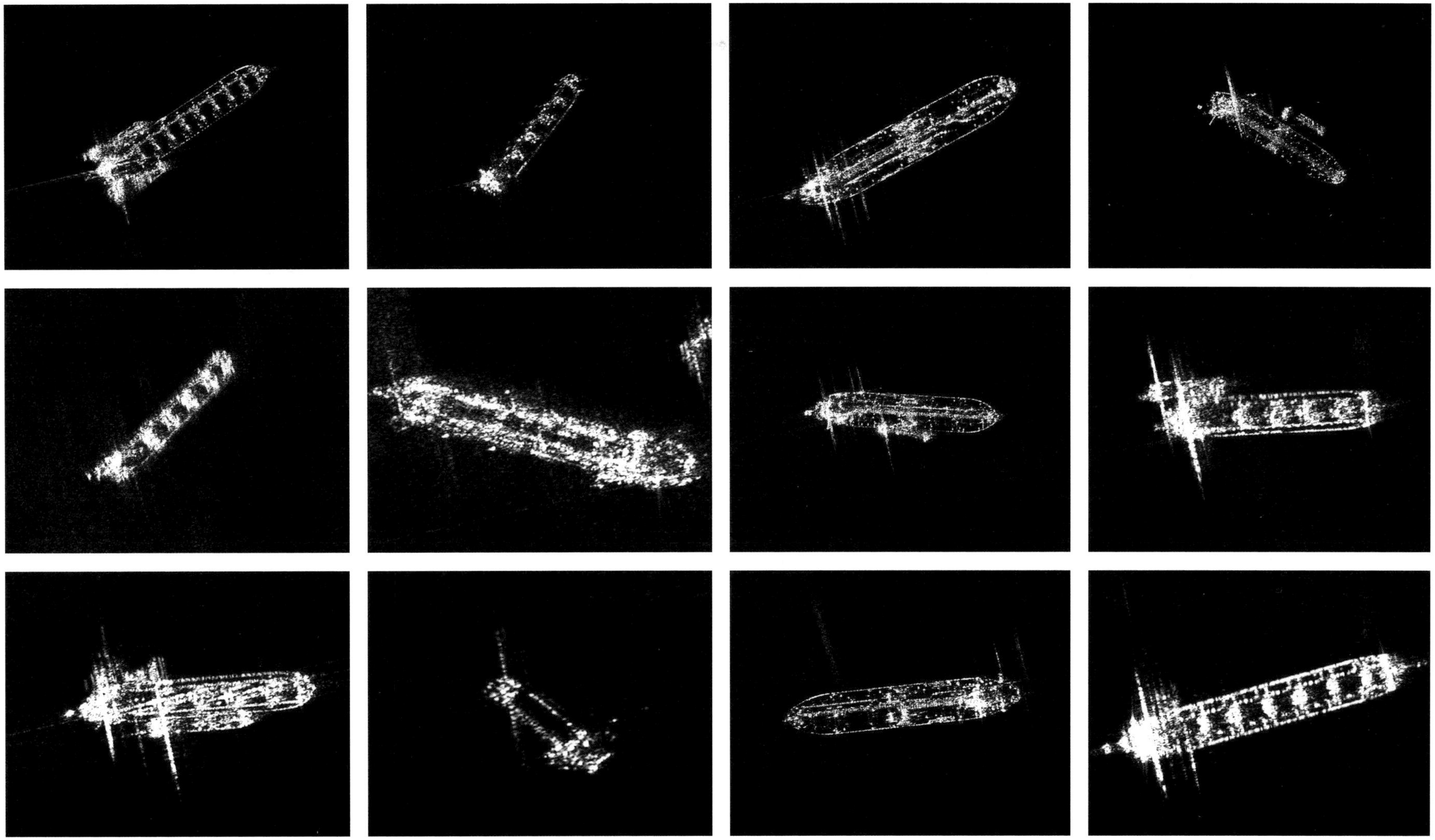

图2.16　新加坡船舶图像切片

图2.17　日本与那国岛局部
（“GF-3”卫星聚束模式，VV极化，2016年10月27日）

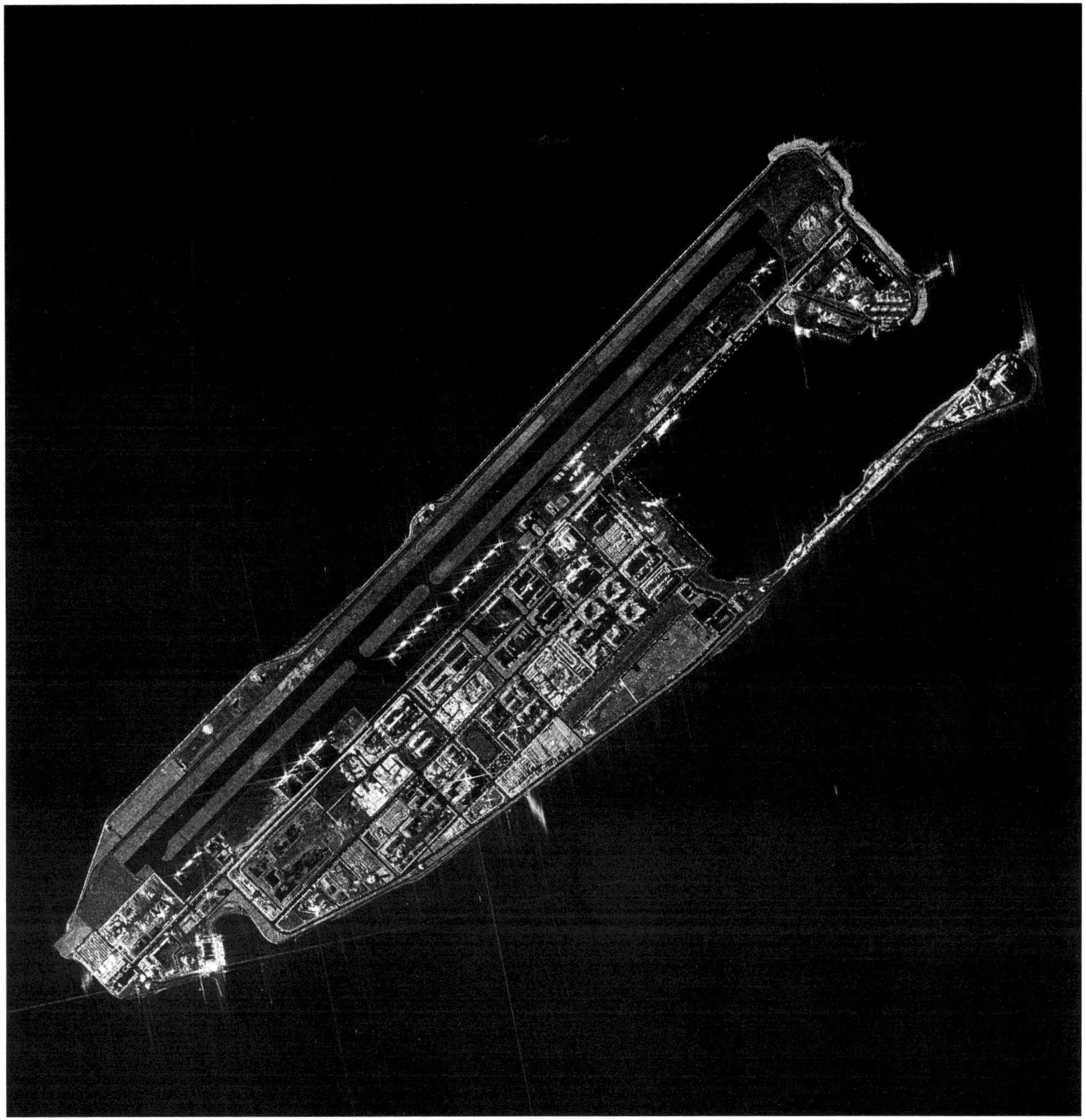

图2.18　海南省三沙市永暑岛局部
（“GF-3”卫星聚束模式，HV极化，2017年4月10日）

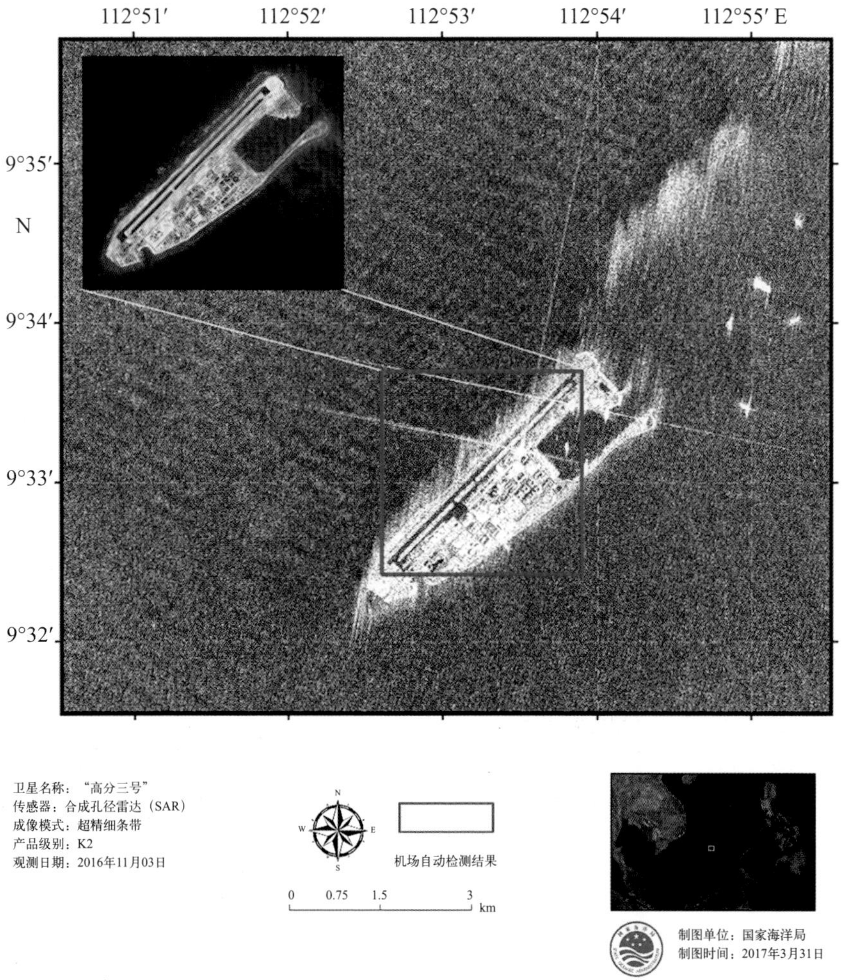

图2.19　海南省三沙市永暑岛机场检测专题图
（“GF-3”卫星超精细条带模式，HH极化，2016年11月3日）

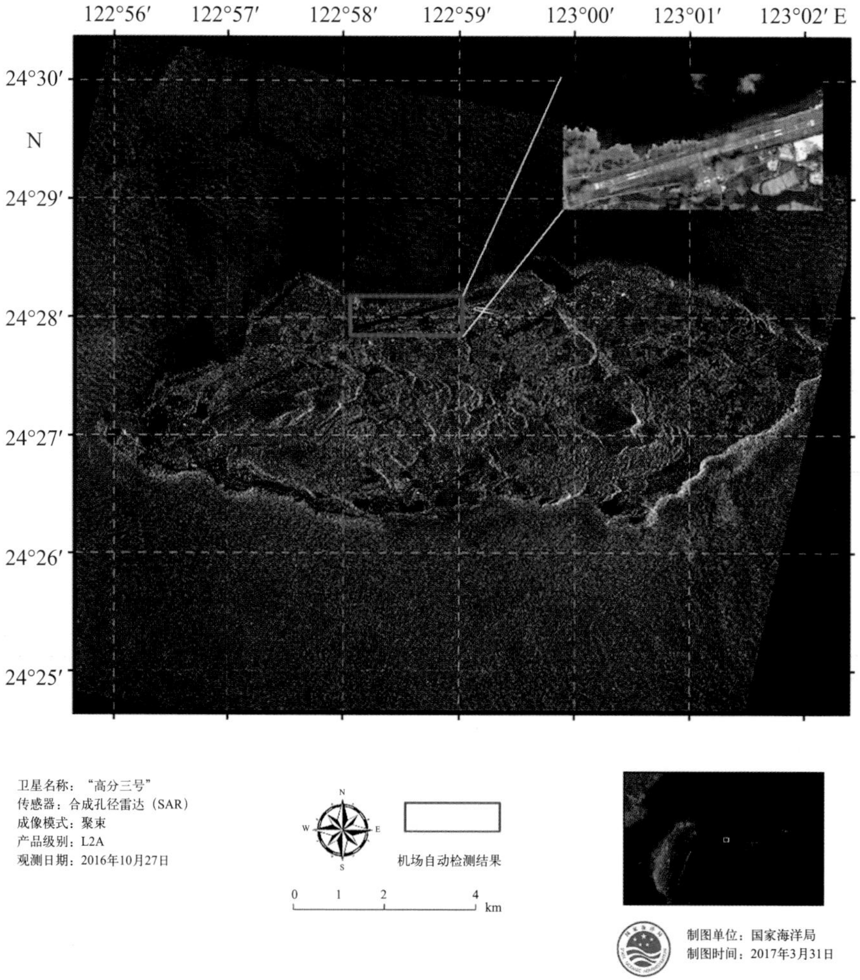

图2.20　日本与那国岛机场检测专题图

2.3 海域管理

浮筏养殖监测

在国家海域使用动态监测系统已采用“GF-3”卫星数据对全国围填海、海水养殖等海域使用要素进行动态监测，为准确获得全国沿海用海现状分布情况提供了支撑。

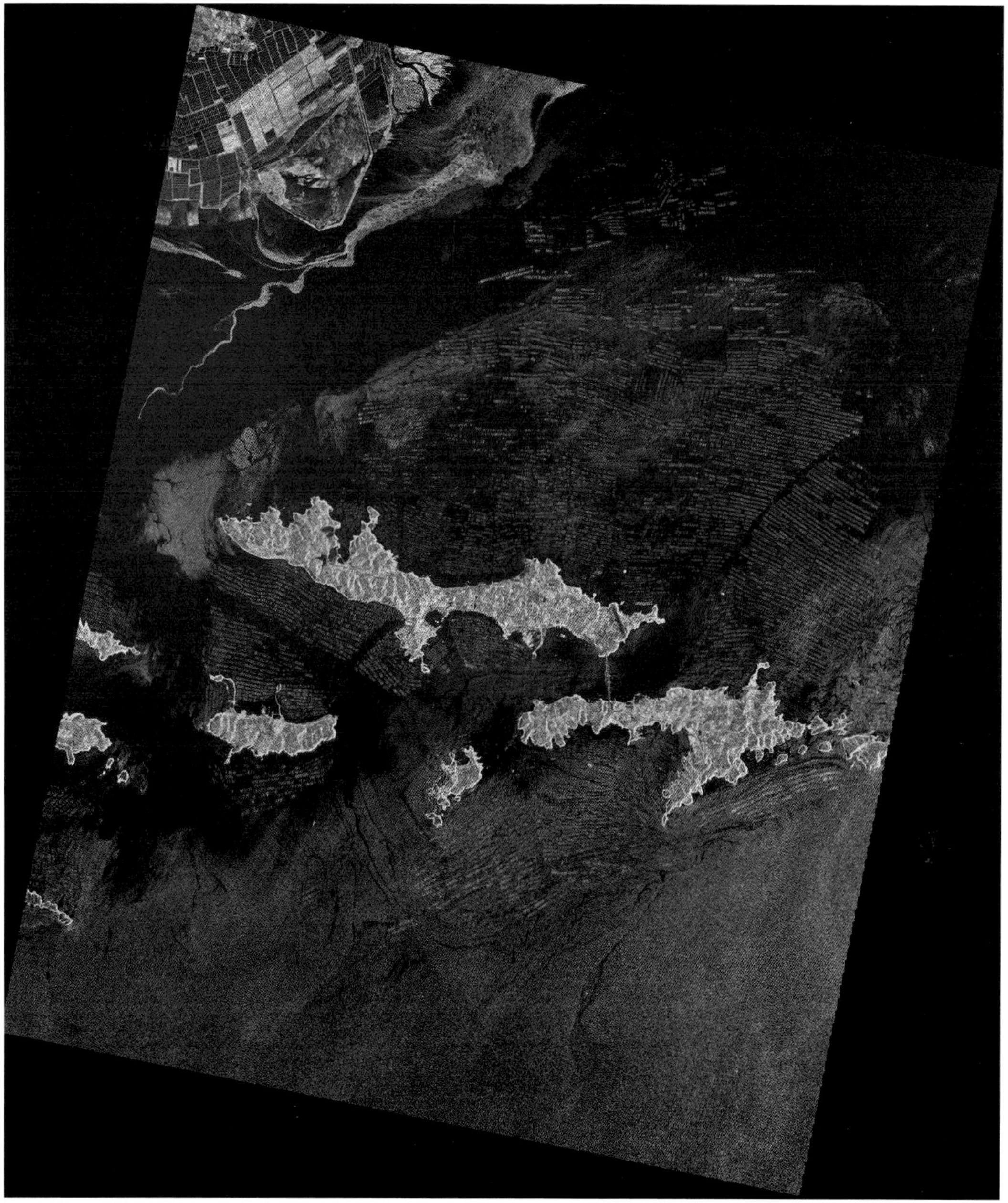

图2.21 辽宁省大连市长海县附近海域图像
（“GF-3”卫星全极化条带1模式，VV极化，2016年12月31日）

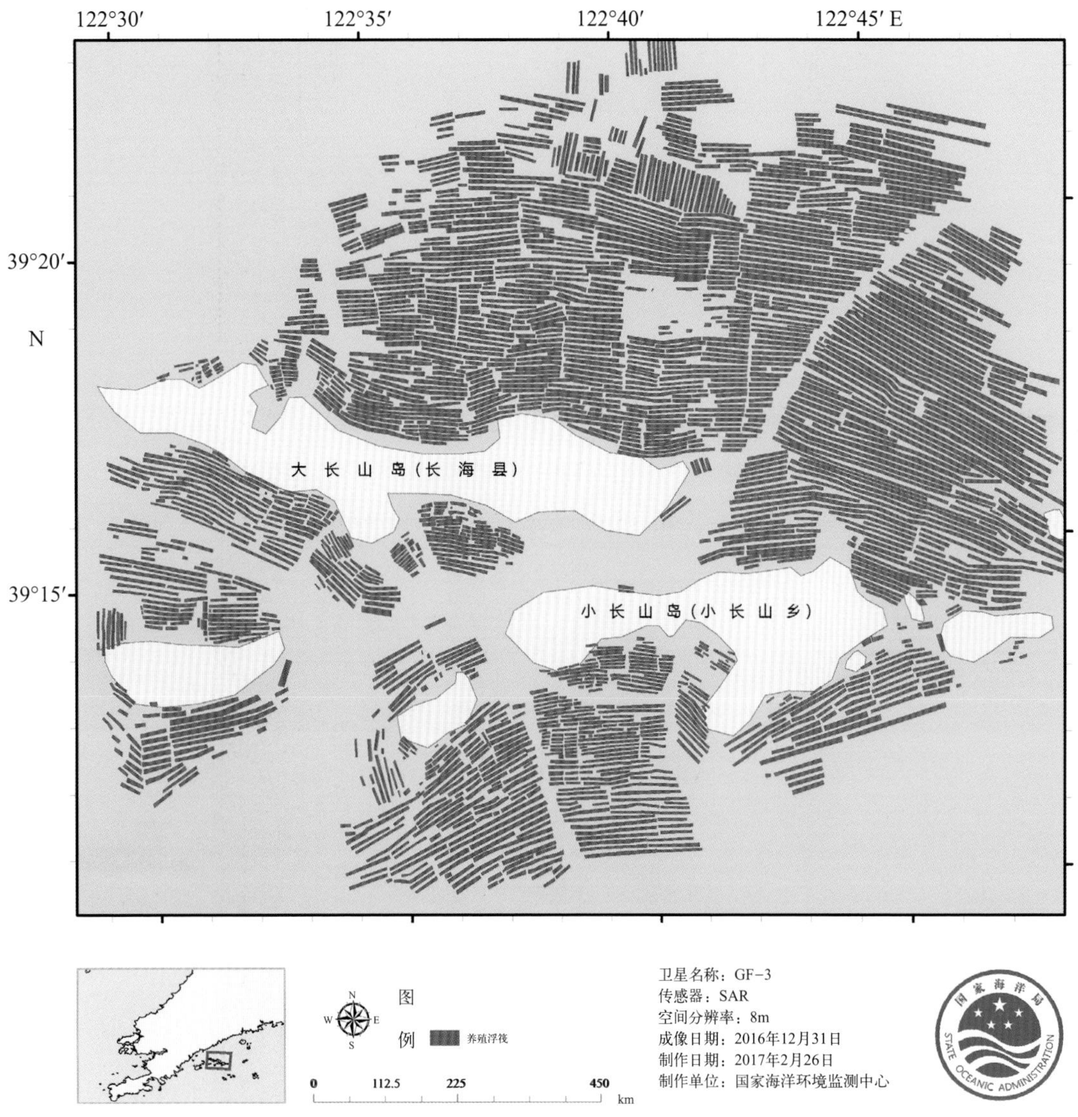

图2.22　辽宁省大连市长海县附近海域海水养殖监测专题图

图2.23 江苏省如东附近海域图像
（“GF-3”卫星全极化条带1模式，HV极化，2017年1月12日）

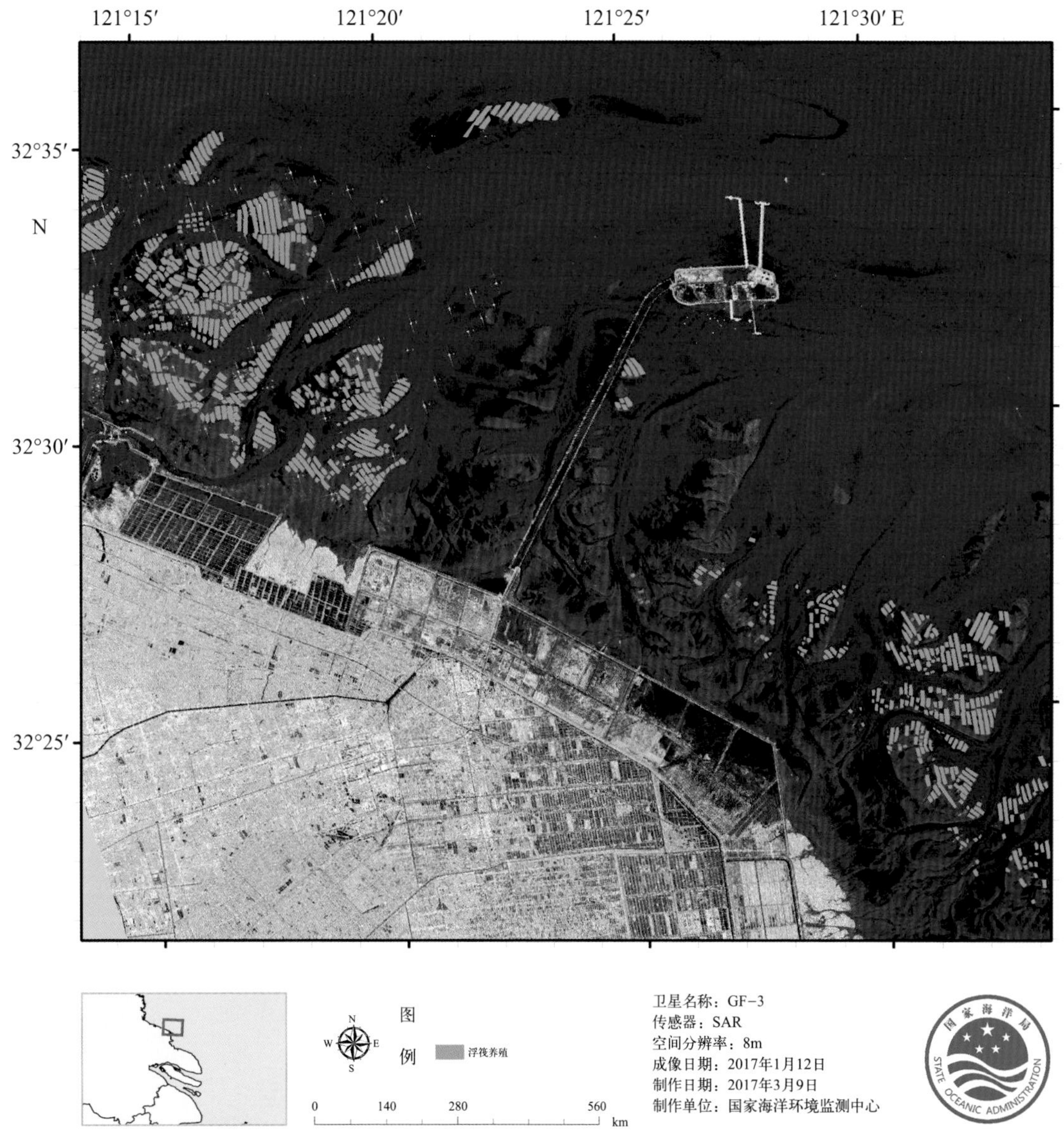

图2.24　江苏省如东附近海域海水养殖监测专题图

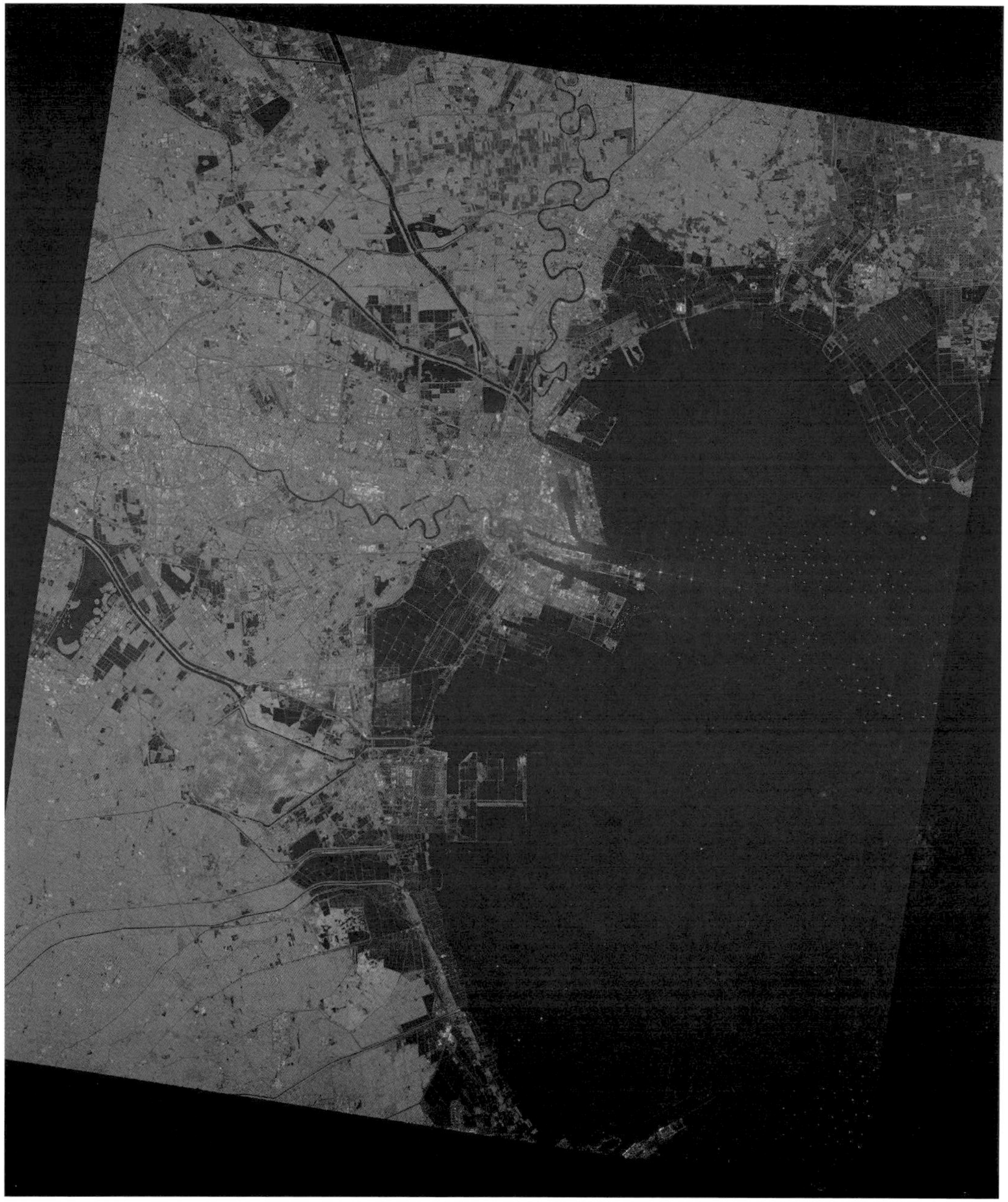

图2.25　天津港图像

（"GF-3"卫星精细条带2模式，VV极化，2016年8月20日）

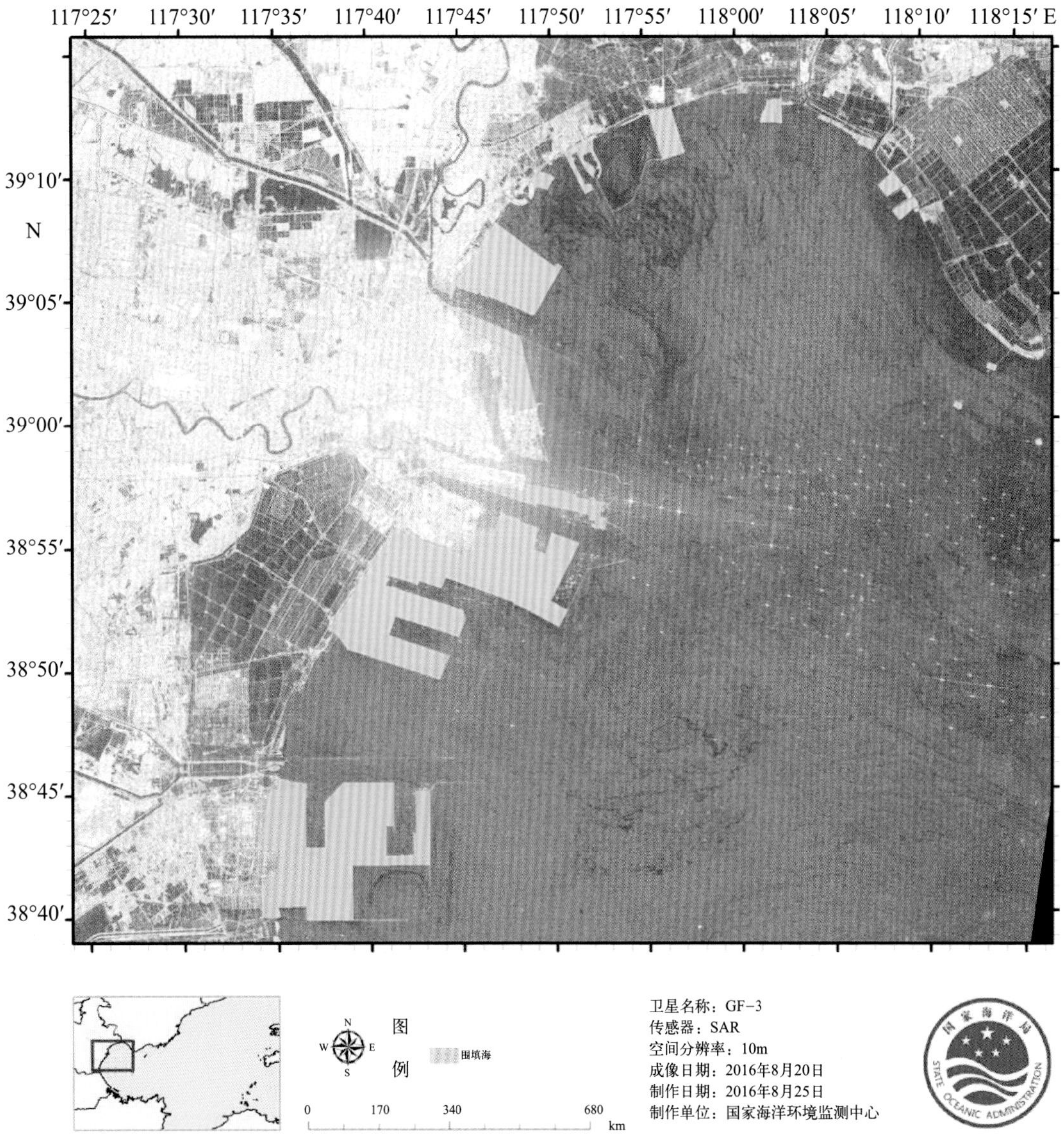

图2.26　天津港围填海专题图

2.4 海岸带监测

海岸带典型地物监测

图2.27 山东省黄河口自然保护区图像
（“GF-3”卫星全极化条带1模式，VV极化，2016年11月5日）

图2.28 山东省黄河口自然保护区图像
（“GF-3”卫星全极化条带1模式，VH极化，2016年11月5日）

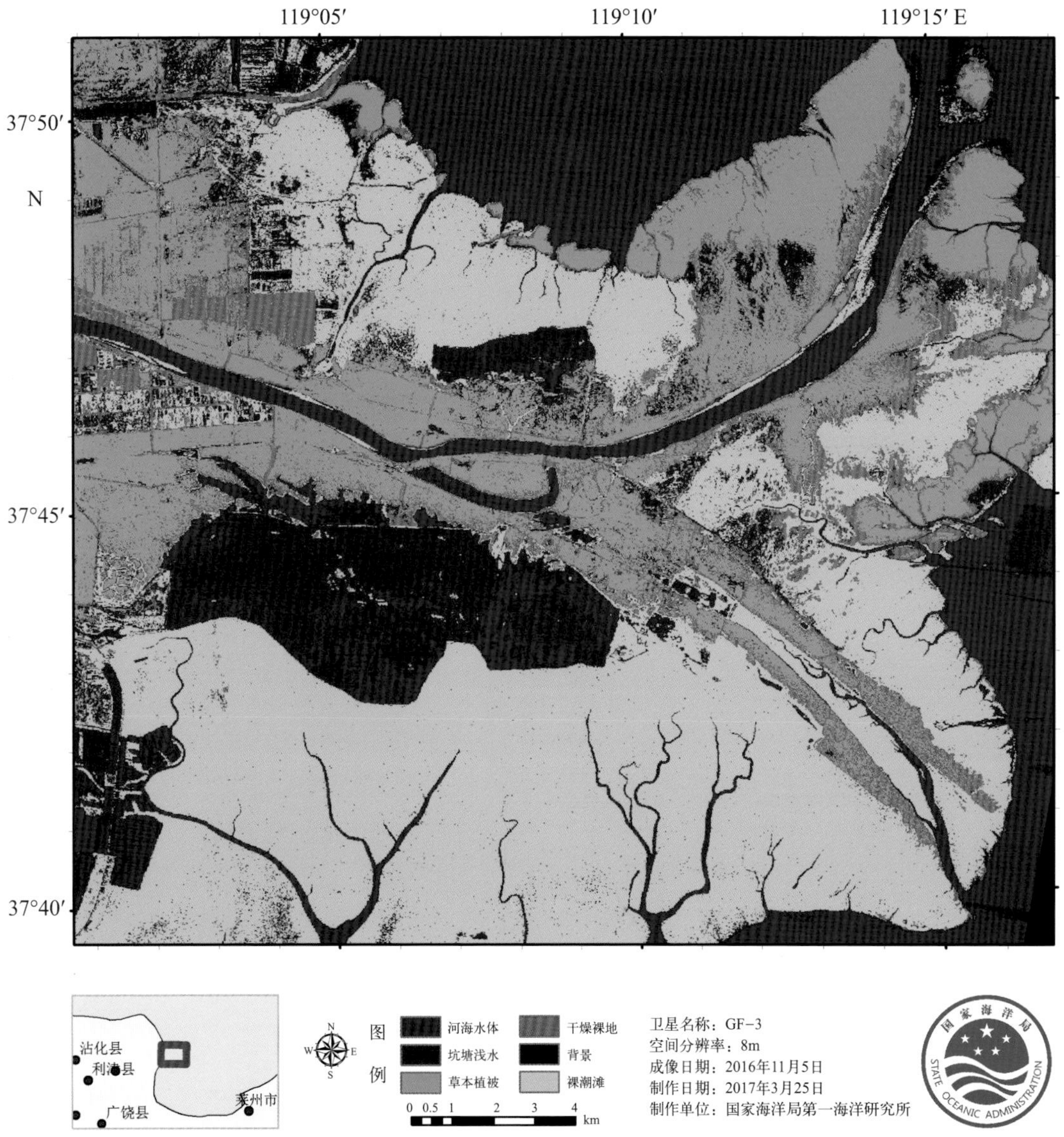

图2.29　山东省黄河口自然保护区滨海湿地典型地物分类专题图

海岸线监测

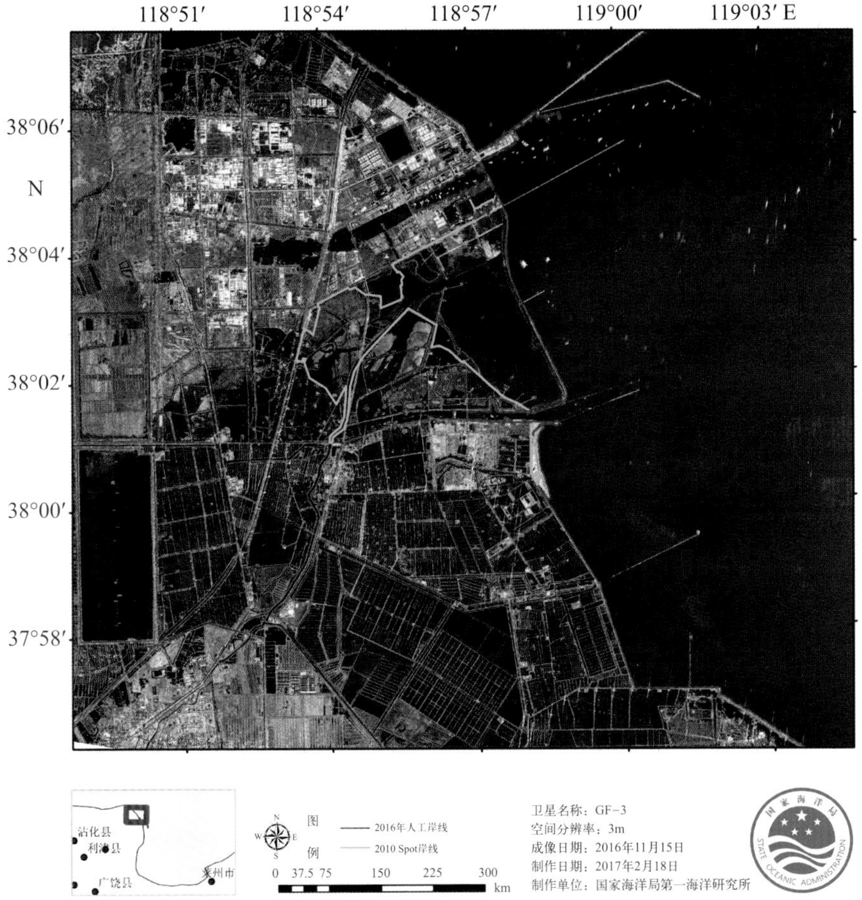

图2.30 山东省黄河三角洲岸线变迁专题图

（基于“GF-3”卫星超精细条带模式图像，VV极化，2016年11月15日及其他卫星历史数据制作）

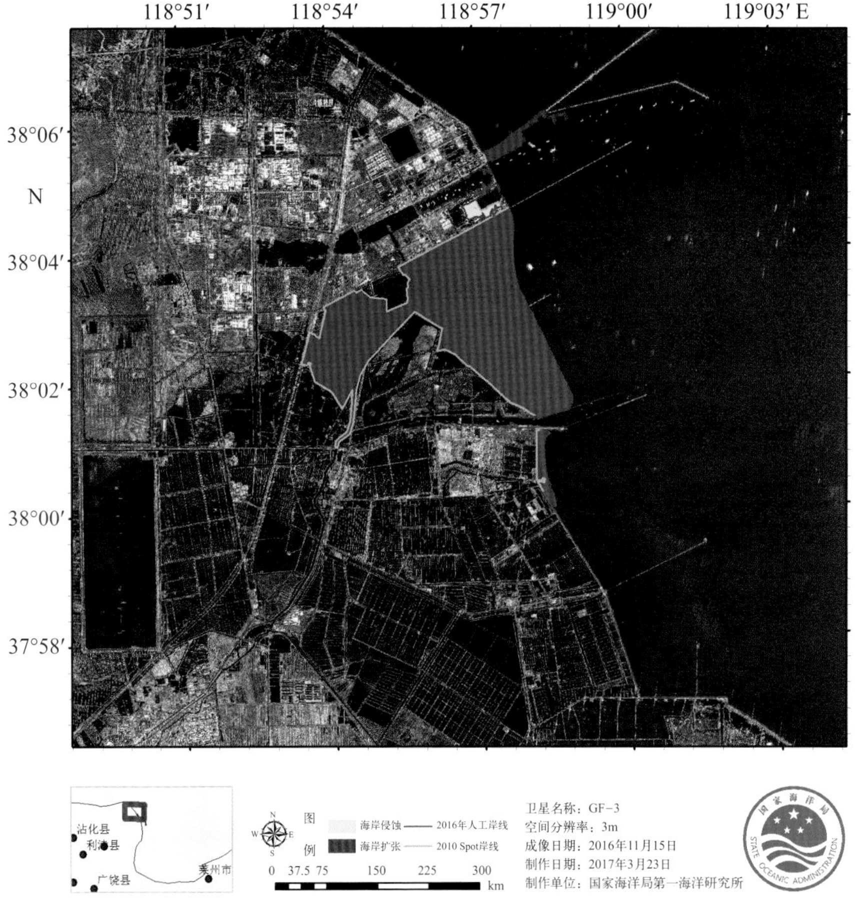

图2.31 山东省黄河三角洲岸线侵蚀淤积专题图

（基于“GF-3”卫星超精细条带模式图像，VV极化，2016年11月15日及其他卫星历史数据制作）

2.5 海洋动力环境要素监测

海 浪

“GF-3”卫星获取了大量海浪、内波、海上强降水、锋面、海底地形、大气重力波等海洋动力环境要素观测数据，为海洋预报、海洋科学研究等提供了数据源。

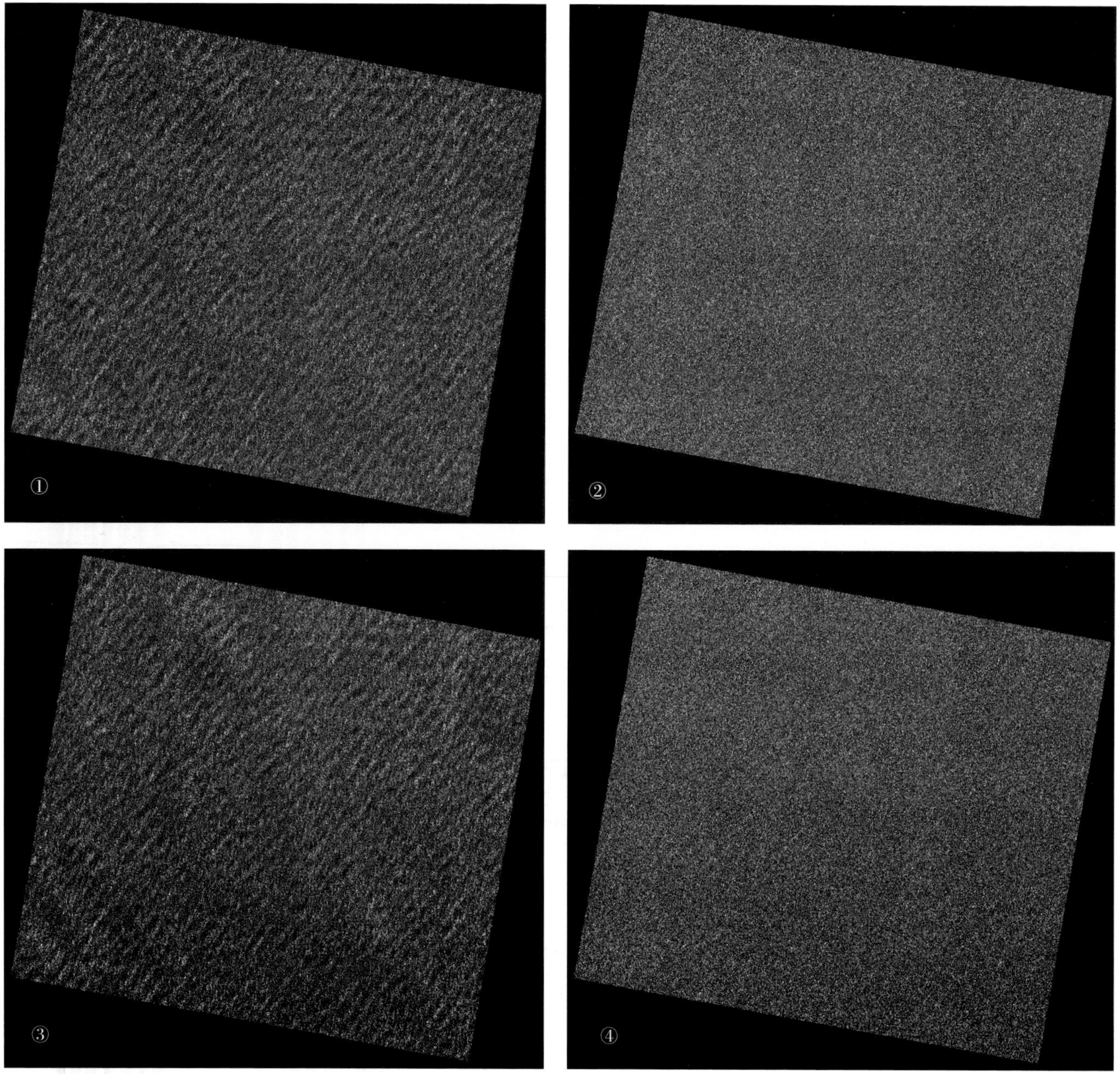

图2.32 西太平洋海浪图像
（“GF-3”卫星波模式2017年10月20日）
① VV极化；② VH极化；
③ HH极化；④ HV极化

内 波

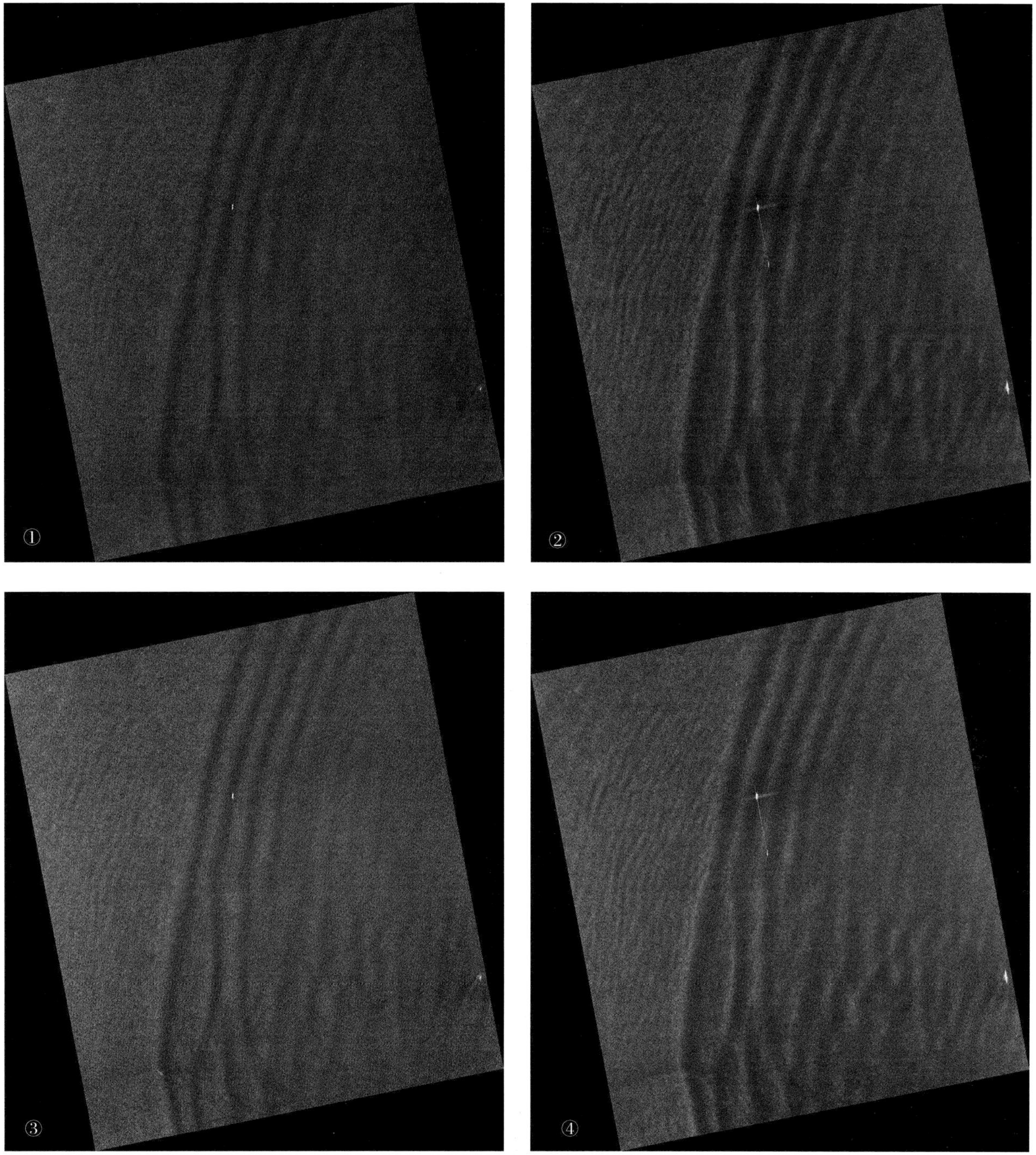

图2.33　黄海内波
（“GF-3”卫星波模式2016年11月7日）
① VV极化；② VH极化；
③ HH极化；④ HV极化

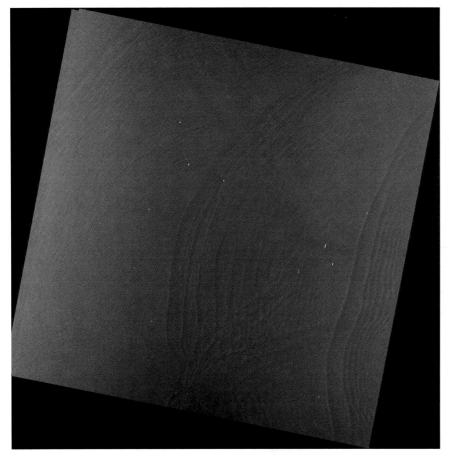

图2.34　南海内波图像
（“GF-3”卫星精细条带2模式，VH极化，2017年7月17日）

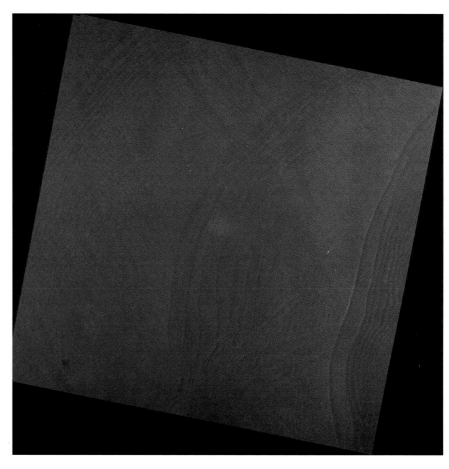

图2.35　南海内波图像
（“GF-3”卫星精细条带2模式，VV极化，2017年7月17日）

海上强降水

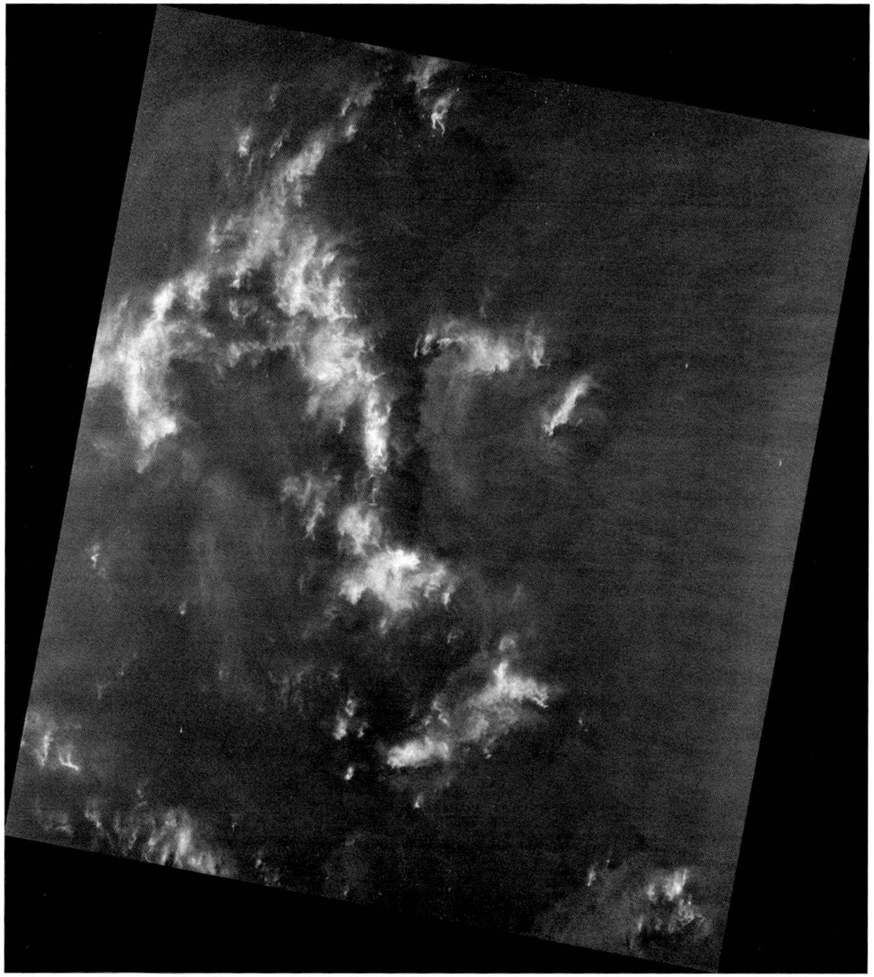

图2.36　南海海上强降水图像
（“GF-3”卫星标准条带模式，HH极化，2016年11月17日）

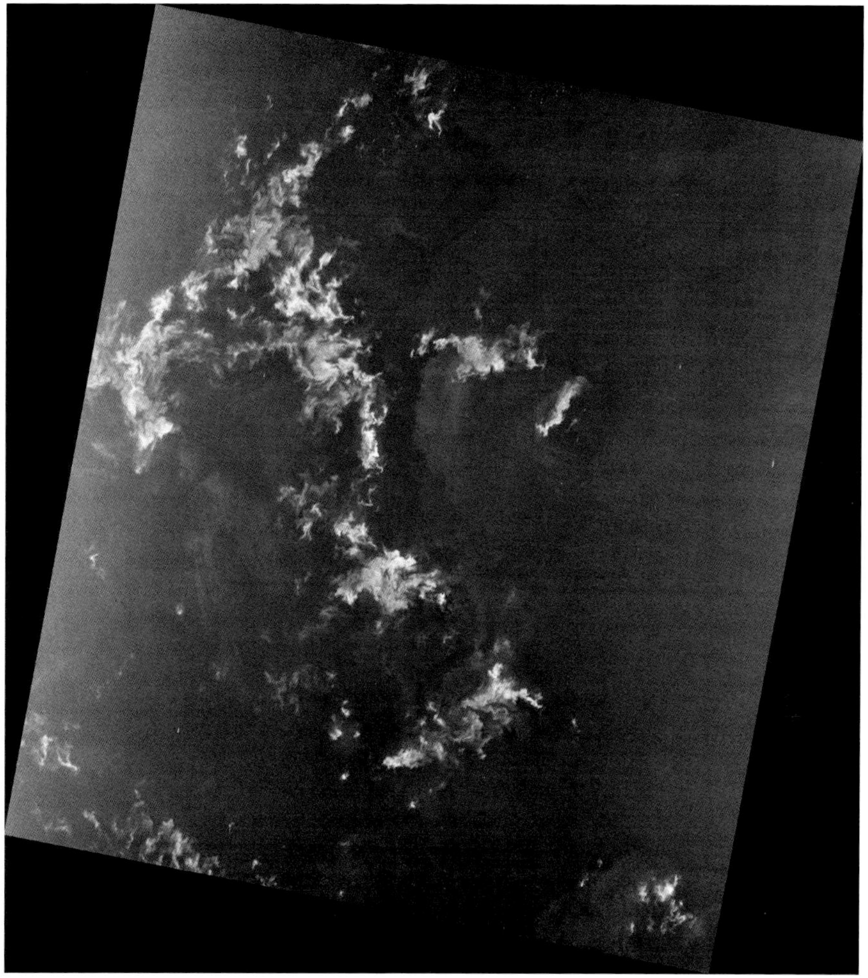

图2.37　南海海上强降水图像
（“GF-3”卫星标准条带模式，HV极化，2016年11月17日）

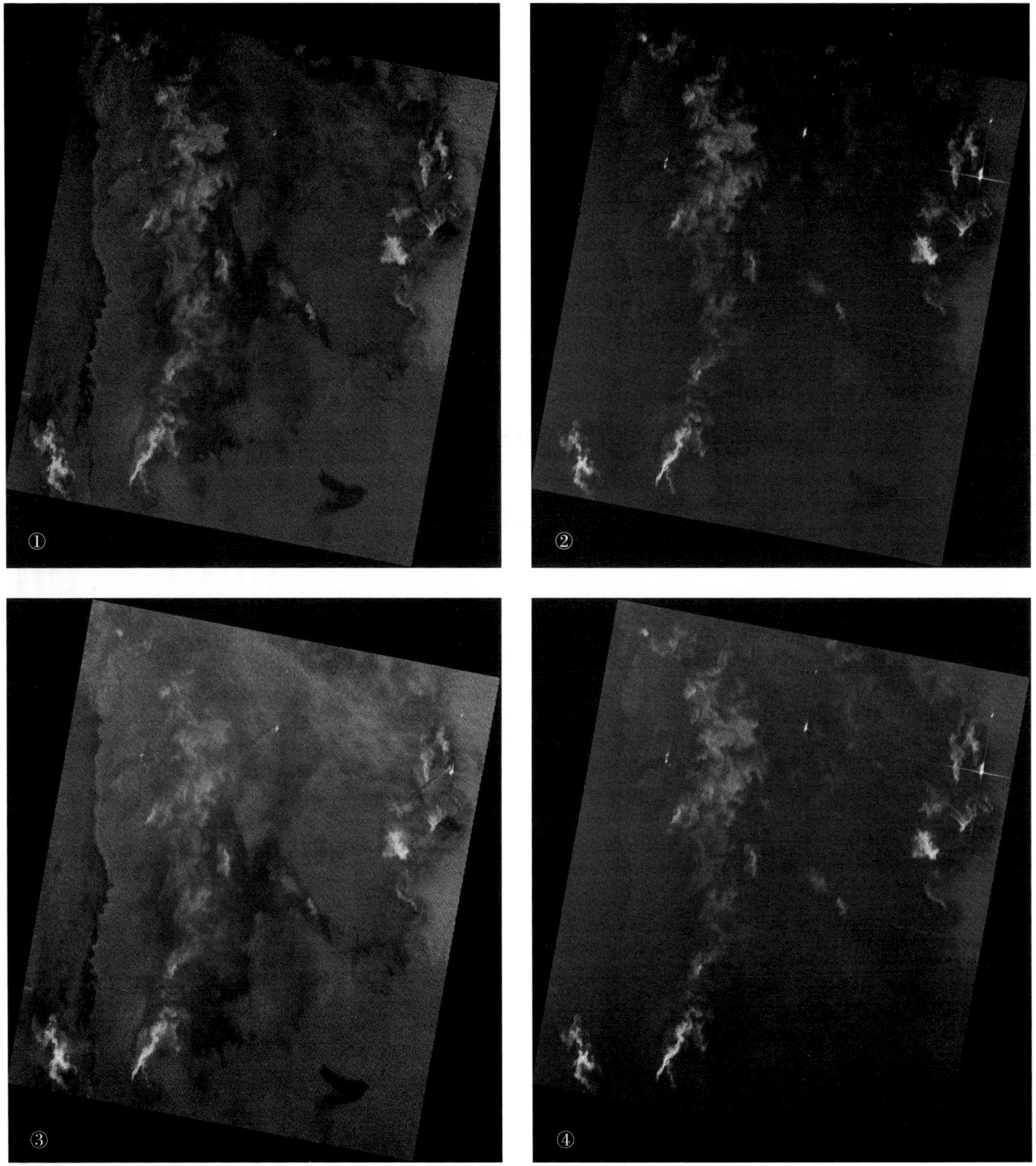

图2.38 南海海上强降水图像
① VV极化；② VH极化；
③ HH极化；④ HV极化

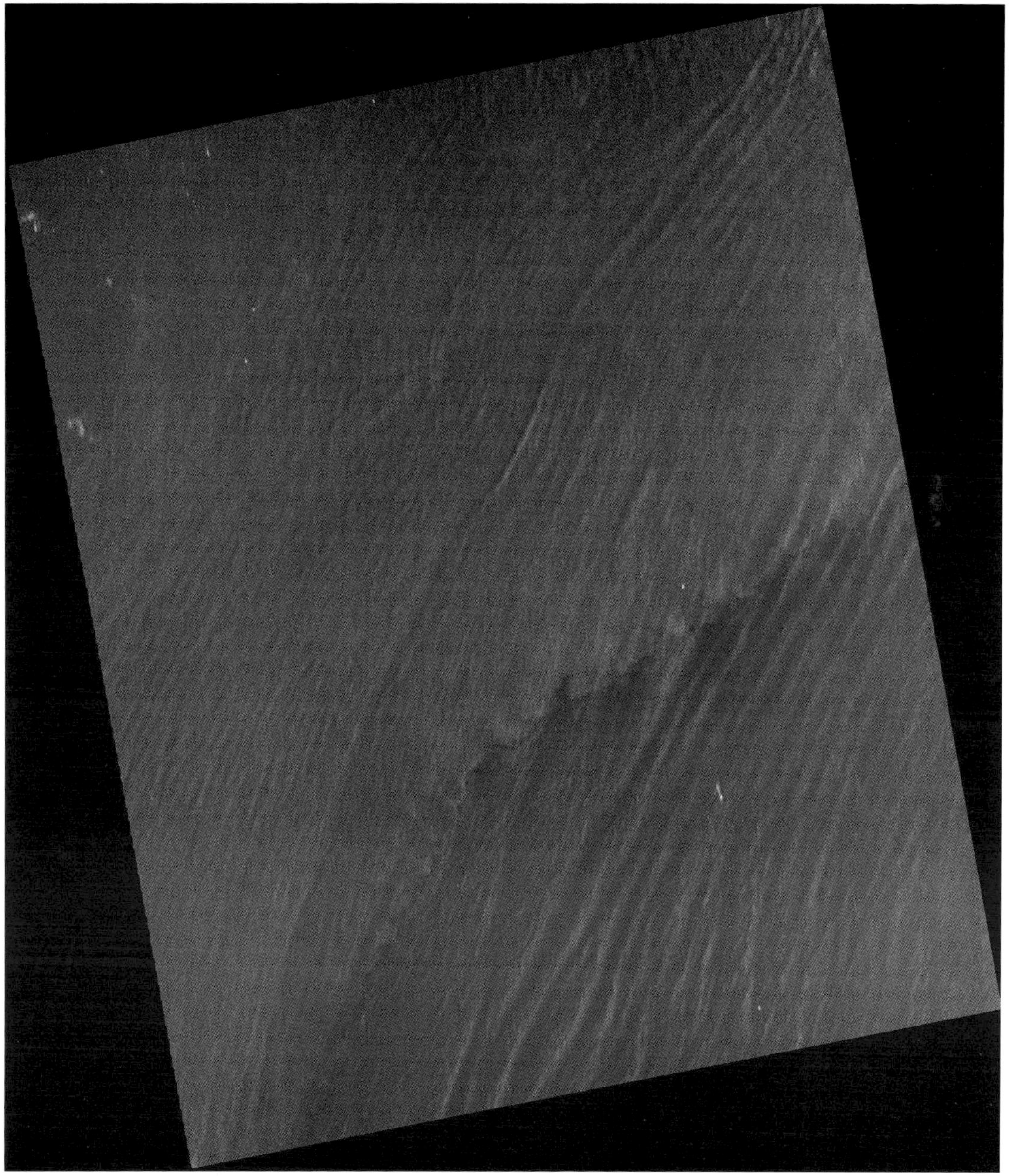

图2.39　南海锋面图像
（“GF-3”卫星超精细条带模式，VV极化，2017年8月4日）

海底地形

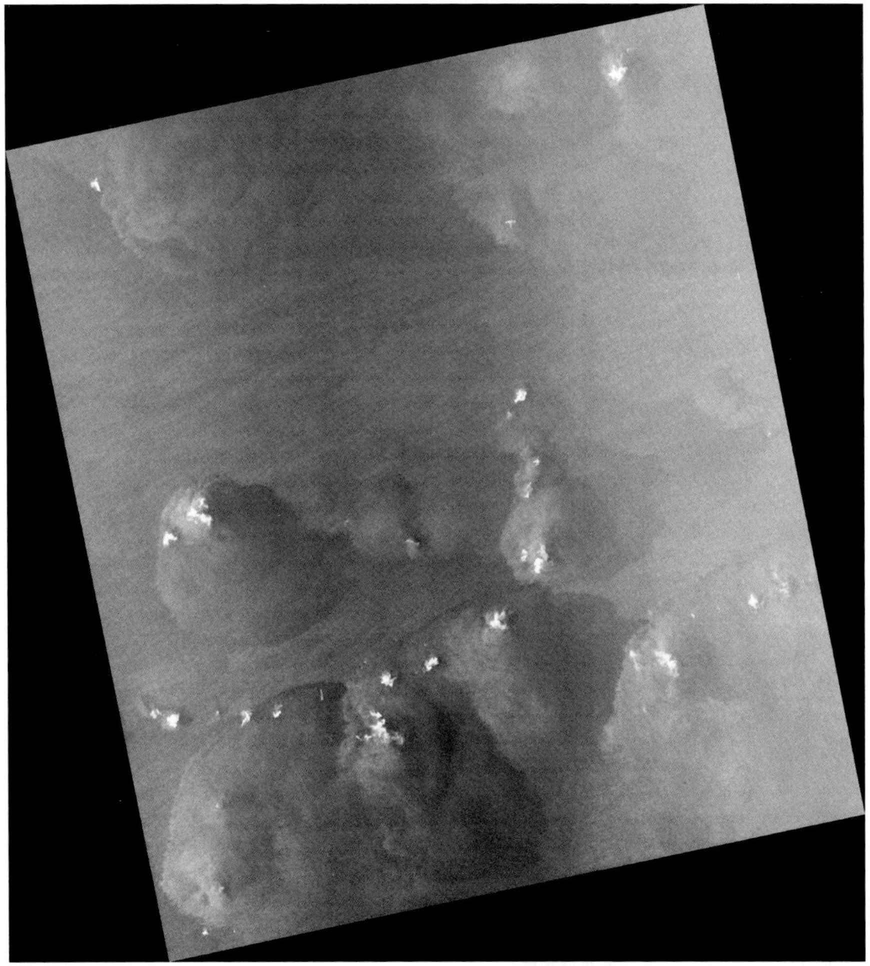

图2.41　南海海底地形图像
（“GF-3”卫星标准条带模式，VV极化，2016年12月3日）

大气重力波

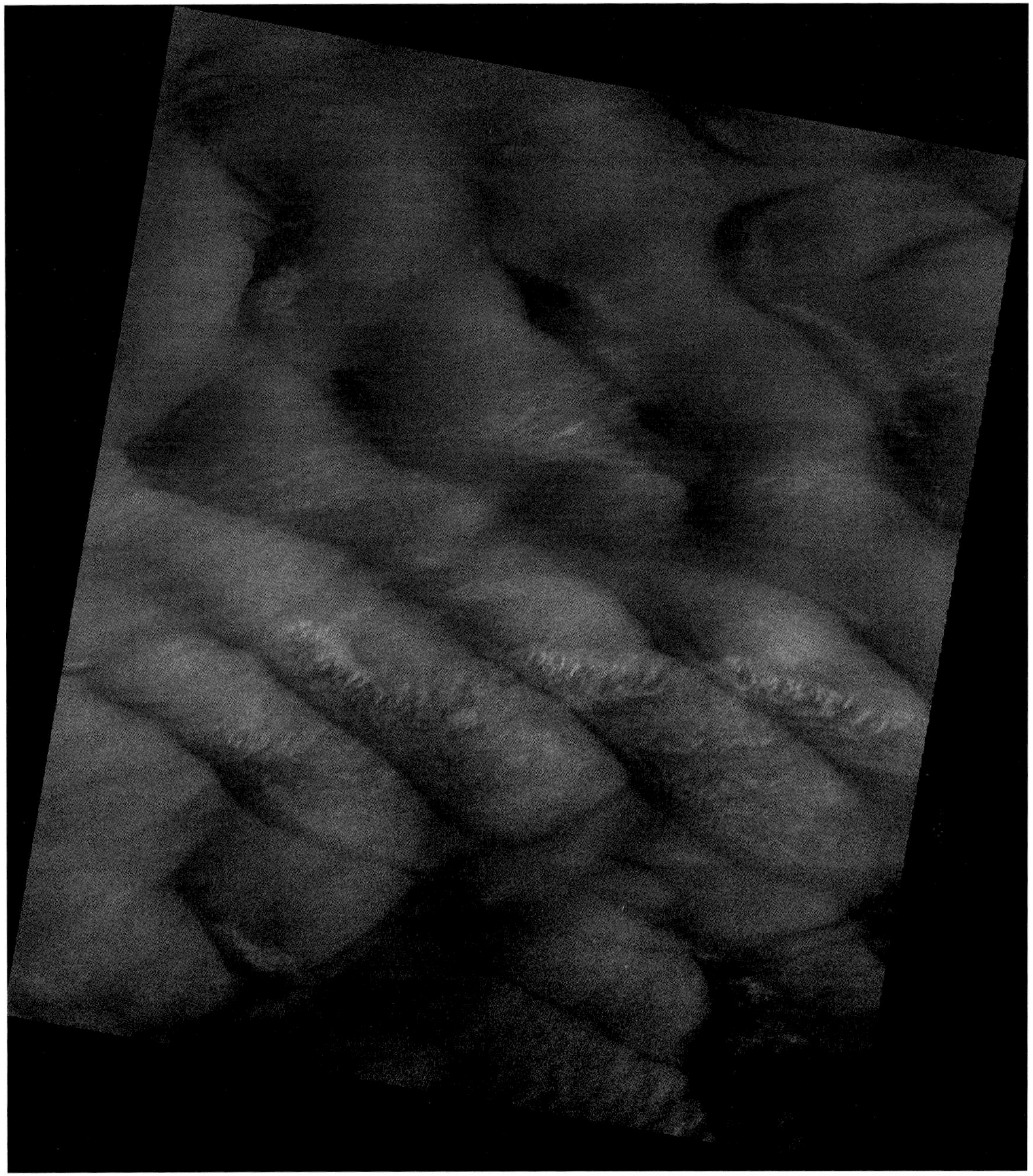

图2.42　北海大气重力波图像

（“GF-3”卫星超精细条带模式，VV极化，2018年7月13日）

2.6 极地环境监测与航行保障

极地冰

极地环境的变化与全球环境和气候变化存在密切的联系。极地航道对于经济、军事、极地科考具有重要意义。利用“GF-3”卫星图像可以准确地确定海冰—海水边界、海冰类型、密集度和冰间水域等信息，为极地监测与航行保障提供服务。

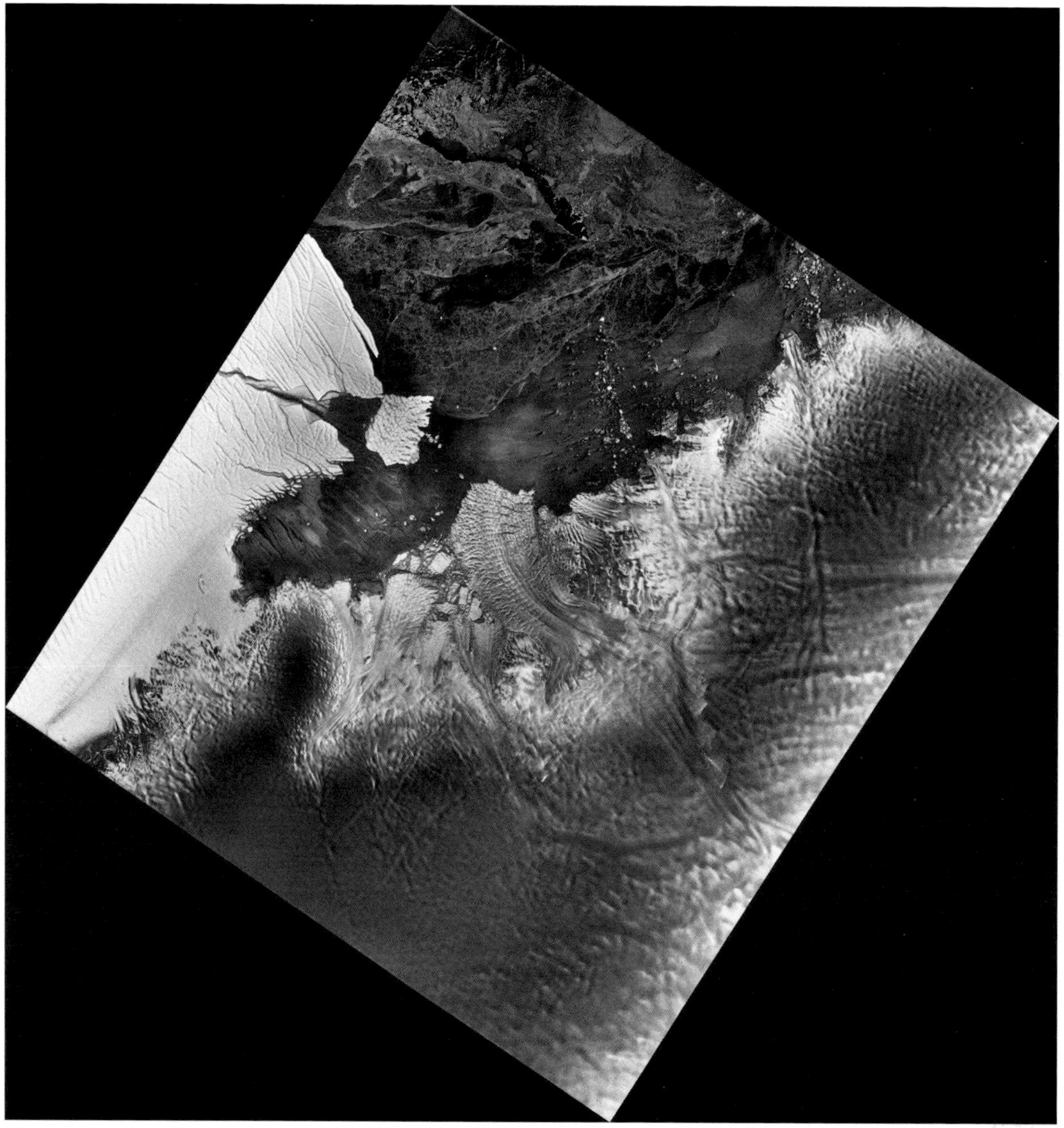

图2.43 南极海冰图像

（“GF-3”卫星标准条带模式，HH极化，2016年11月29日）

2016年11月，“GF-3”卫星在轨测试尚未结束，卫星数据已应用于第33次南极科考“雪龙”号科考船极地航行保障任务。目前“雪龙”号科考船已装有“GF-3”卫星数据船载接收与处理系统，“GF-3”卫星数据已成为我国南北极科考航行保障最重要的数据源之一。

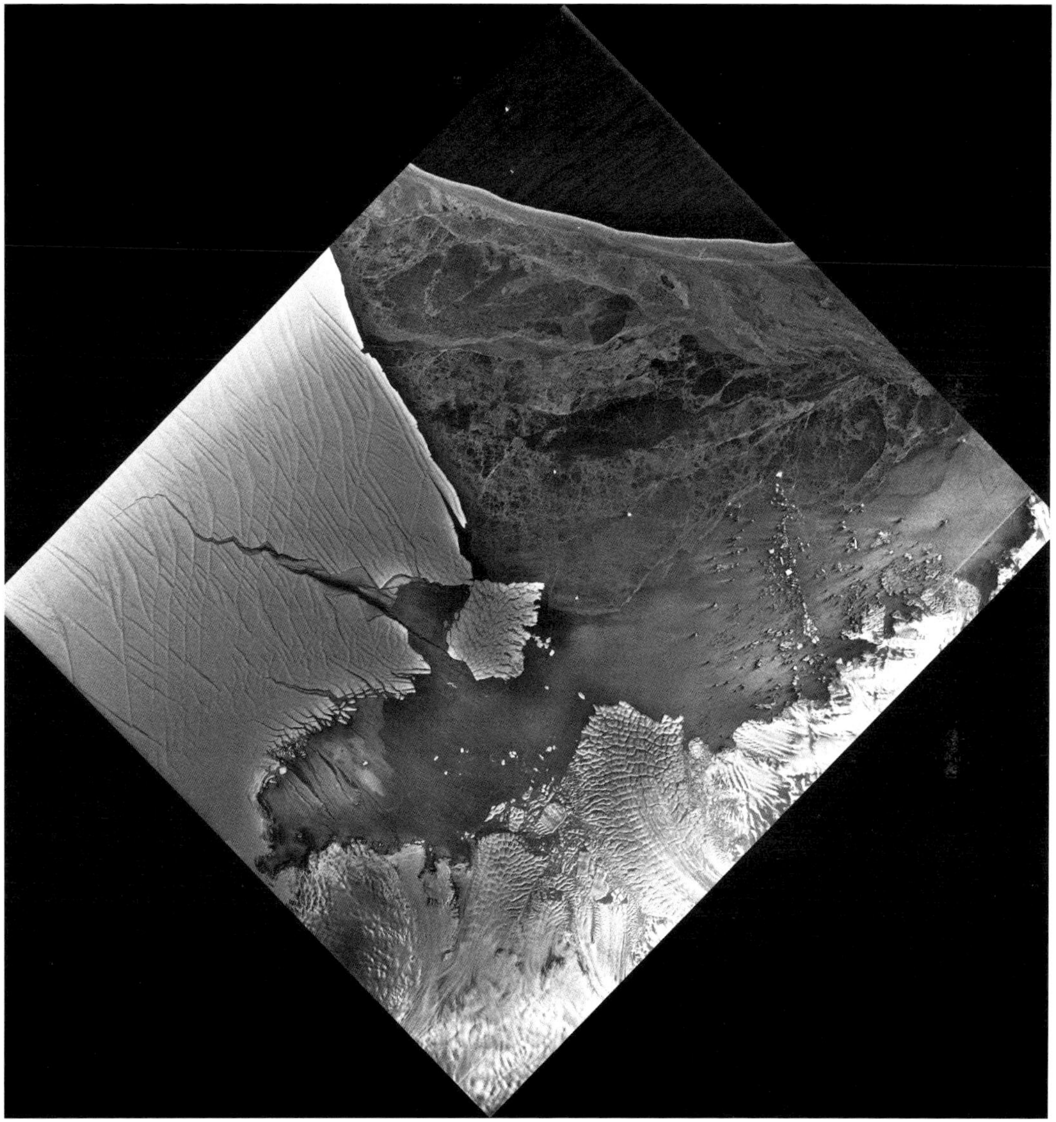

图2.44　南极海冰图像

（“GF-3”卫星标准条带模式，HH极化，2016年12月5日）

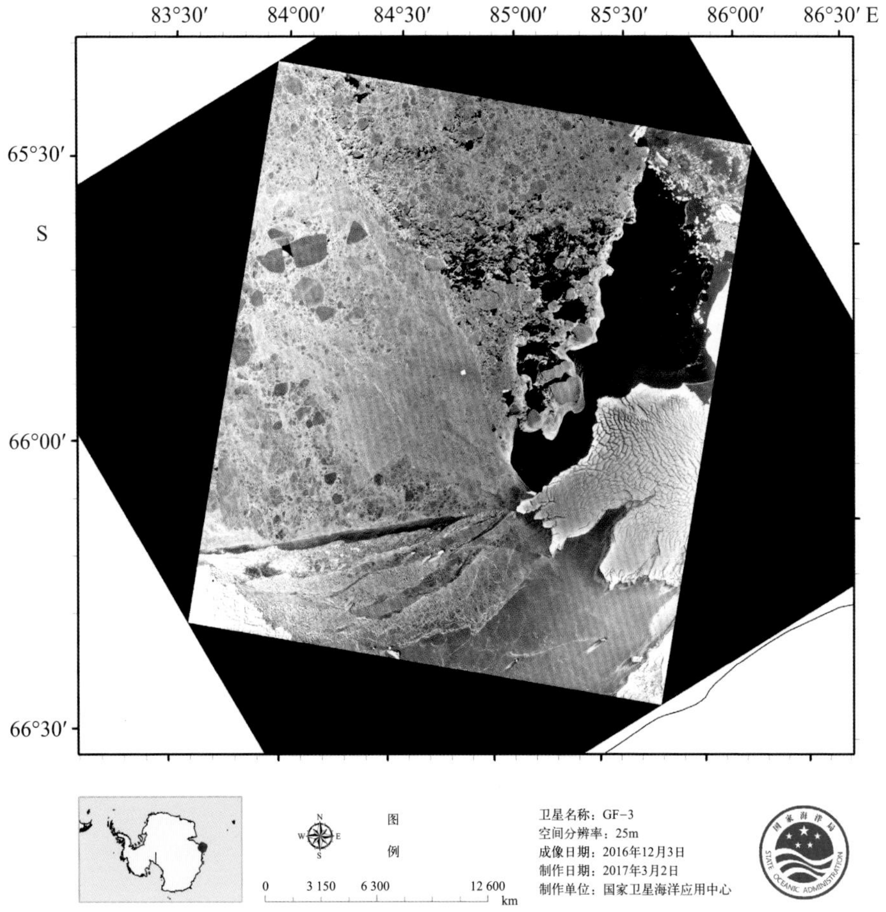

图2.45　南极海冰图像

（“GF-3”卫星标准条带模式，VV极化，2016年12月3日）

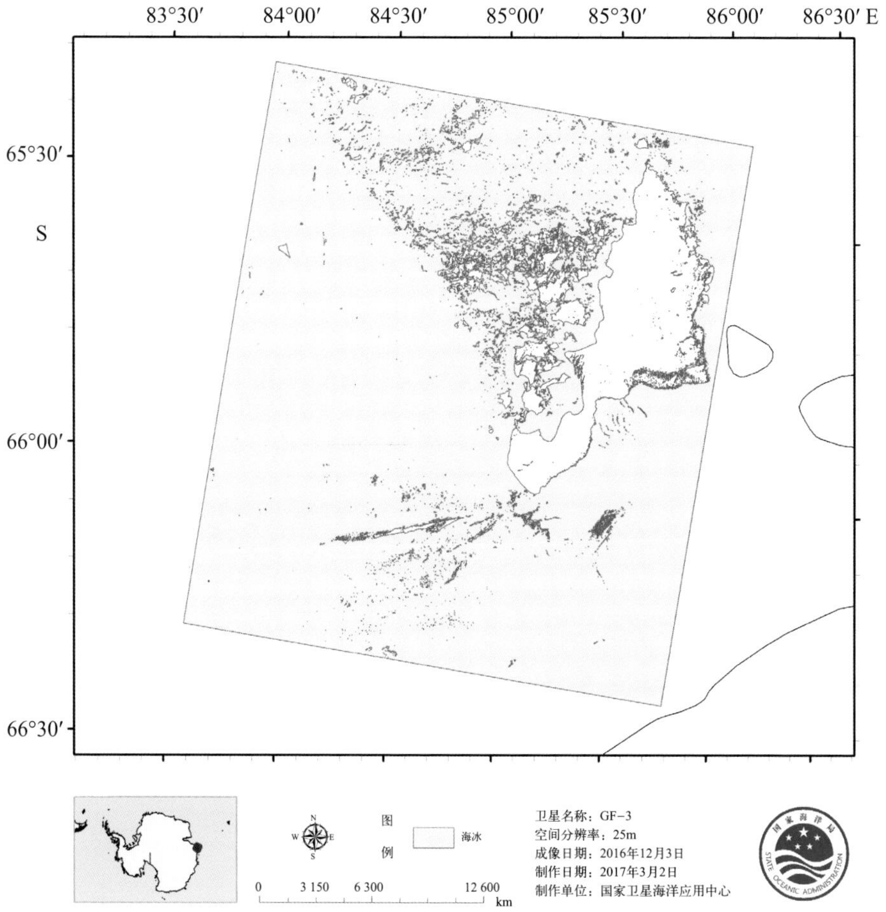

图2.46　南极海冰监测专题图

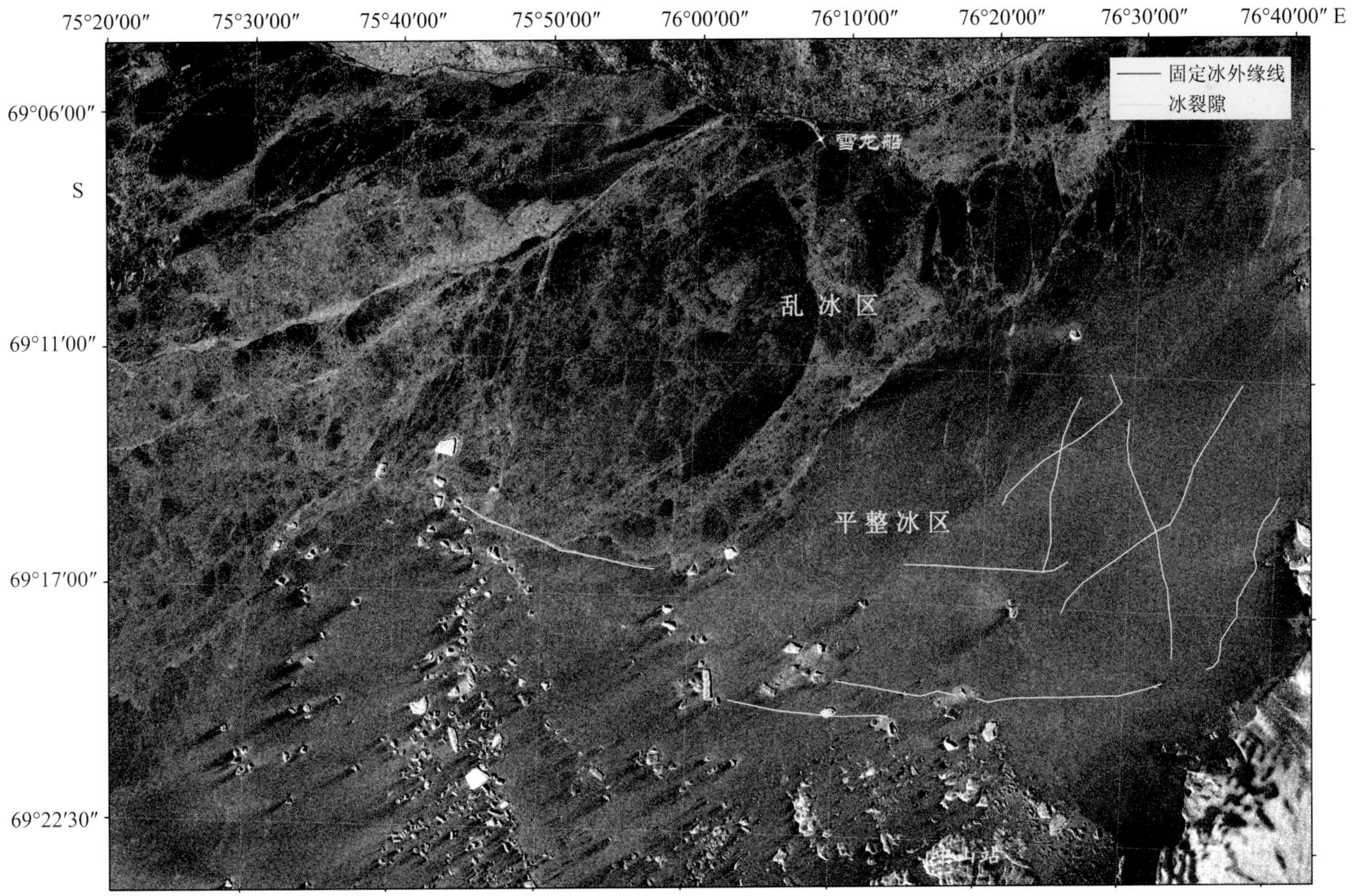

图2.47 第33次南极科考“雪龙”号科考船航行保障冰情分析图
（基于“GF-3”卫星标准条带模式图像，HH极化，2016年11月29日）

图2.48 第33次南极科考“雪龙”号科考船极区航行情况

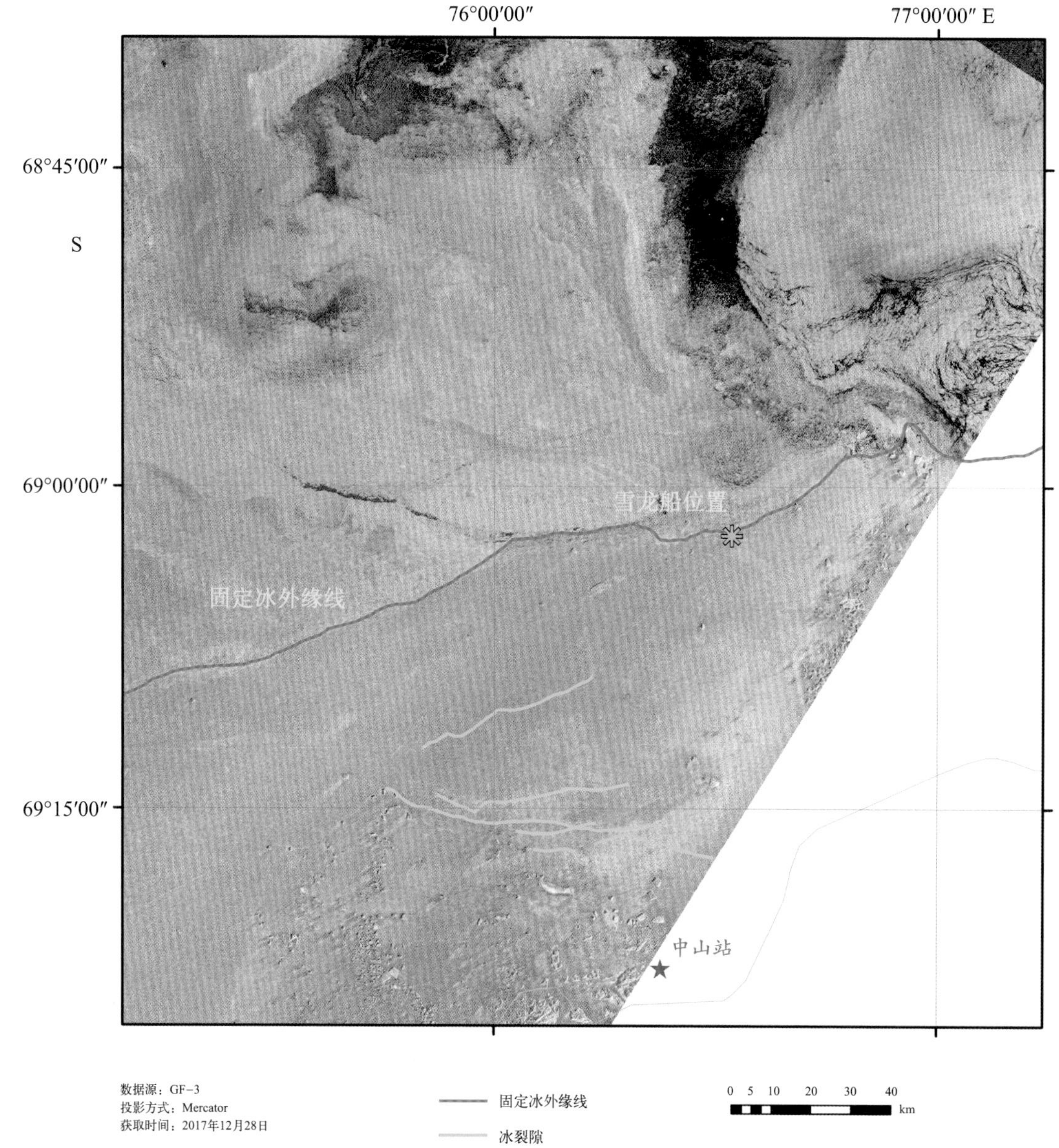

图2.49　第34次南极科考“雪龙”号科考船航行保障冰情分析图
（基于“GF-3”卫星标准条带模式图像，HH极化，2017年12月28日）

第3章

极化数据

极化SAR能够提供被观测地物幅度和相位以外的极化信息，极大地提升地物识别与分类的能力。“GF-3”卫星具有单极化、双极化、全极化数据获取能力，极化SAR数据已广泛应用于多个领域，极化数据质量获得了国际同行的好评。

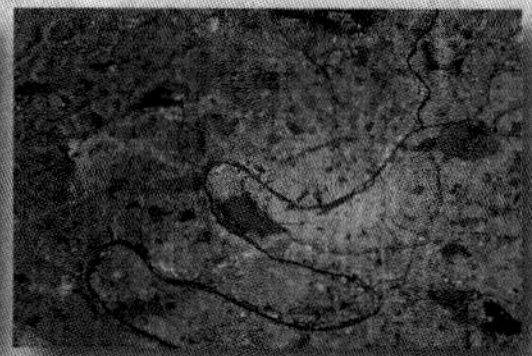

3.1 典型地物极化数据

图3.1 湖北省武汉市Freeman分解合成图（“GF-3”卫星全极化条带1模式，2016年11月5日）

图3.2　江苏省如东附近海上浮筏养殖区Freeman分解合成图（“GF-3”卫星全极化条带1模式，2016年12月31日）

图3.3　辽宁省锦州市pauli分解合成图（“GF-3”卫星全极化条带1模式，2017年2月3日）

图3.4 上海市崇明岛附近海域pauli分解合成图
（“GF-3”卫星全极化条带1模式，2016年11月20日）

3.2 极化数据国际交流

2017年经国家航天局批准，国家卫星海洋应用中心首次向境外著名SAR数据研究机构——法国雷恩第一大学电子与通信实验室（Institute of Electronics and Telecommunications of Rennes，University of Rennes 1, France）进行了“GF-3”卫星数据分发，用于极化SAR数据处理与质量分析技术交流。

图3.5　PolSARpro软件“GF-3”卫星示例数据一：美国旧金山市Pauli分解合成图
（“GF-3”卫星 全极化条带1模式，2017年9月15日）

经反馈，“GF-3”卫星极化数据质量获得了国外同行的高度认可。目前，国际著名极化SAR数据处理软件PolSARpro已采用“GF-3”卫星数据作为示例数据，并更新了软件版本（版本5.1.2）以满足“GF-3”卫星数据处理需求。

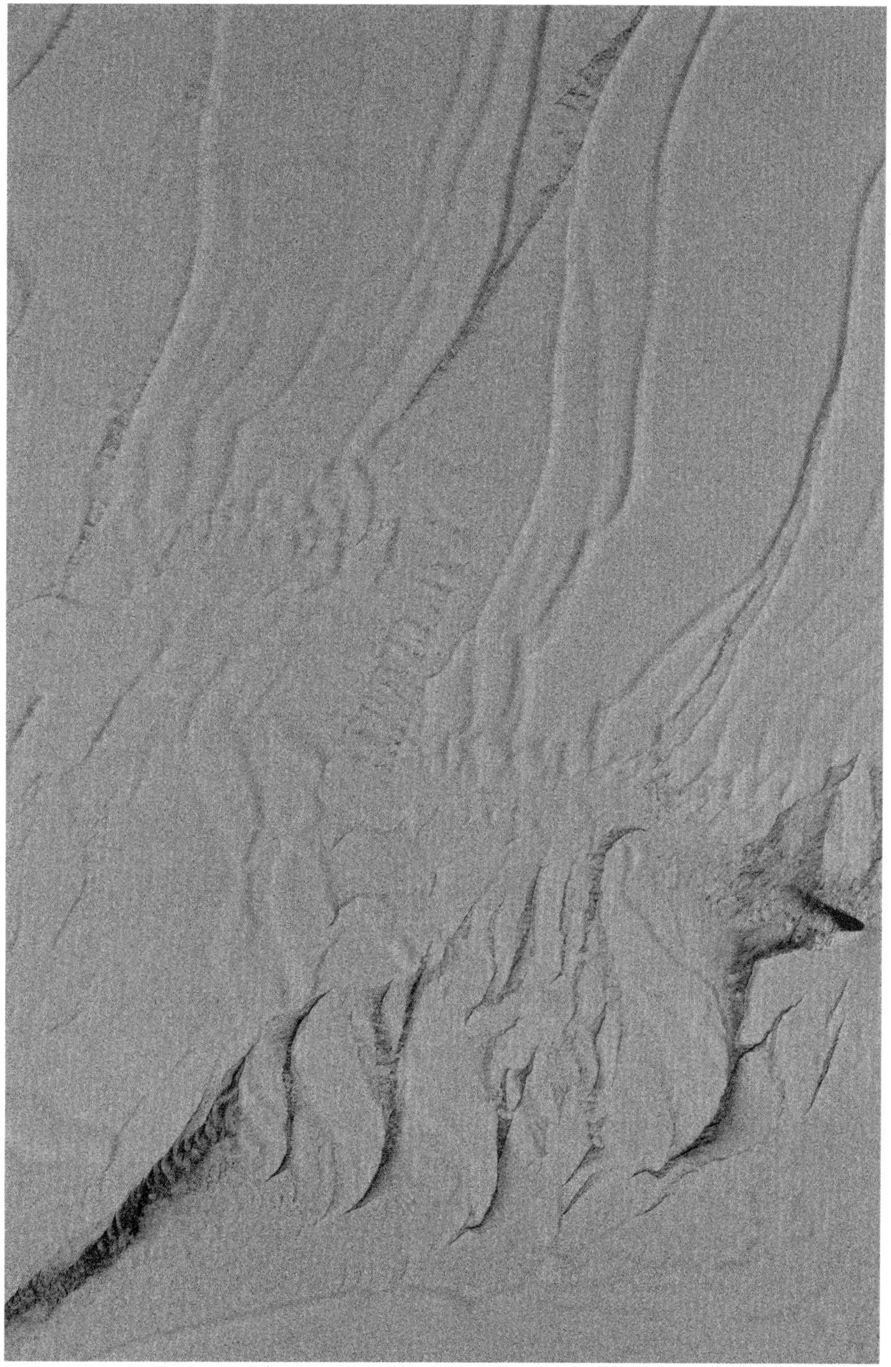

图3.6 PolSARpro软件“GF-3”卫星示例数据二：南极拉森C冰盖Pauli分解合成图（“GF-3”卫星 全极化条带1模式，2017年9月14日）

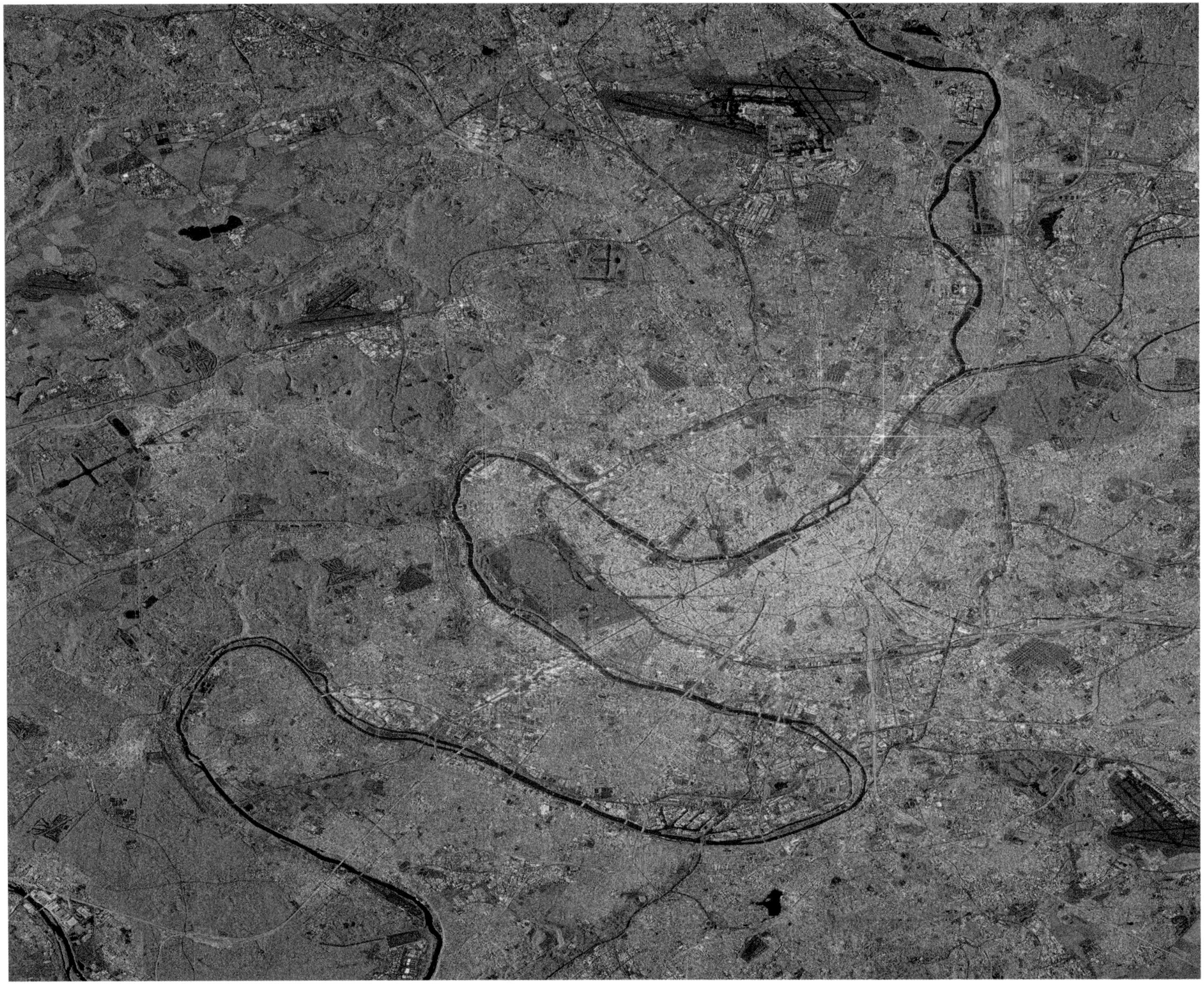

图3.7 PolSARpro软件“GF-3”卫星示例数据三：法国巴黎市Pauli分解合成图
（“GF-3”卫星全极化条带1模式，2017年9月14日）

图3.8 PolSARpro软件"GF-3"卫星示例数据四：摩洛哥沙漠绿洲Pauli分解合成图（"GF-3"卫星全极化条带1模式，2017年9月14日）

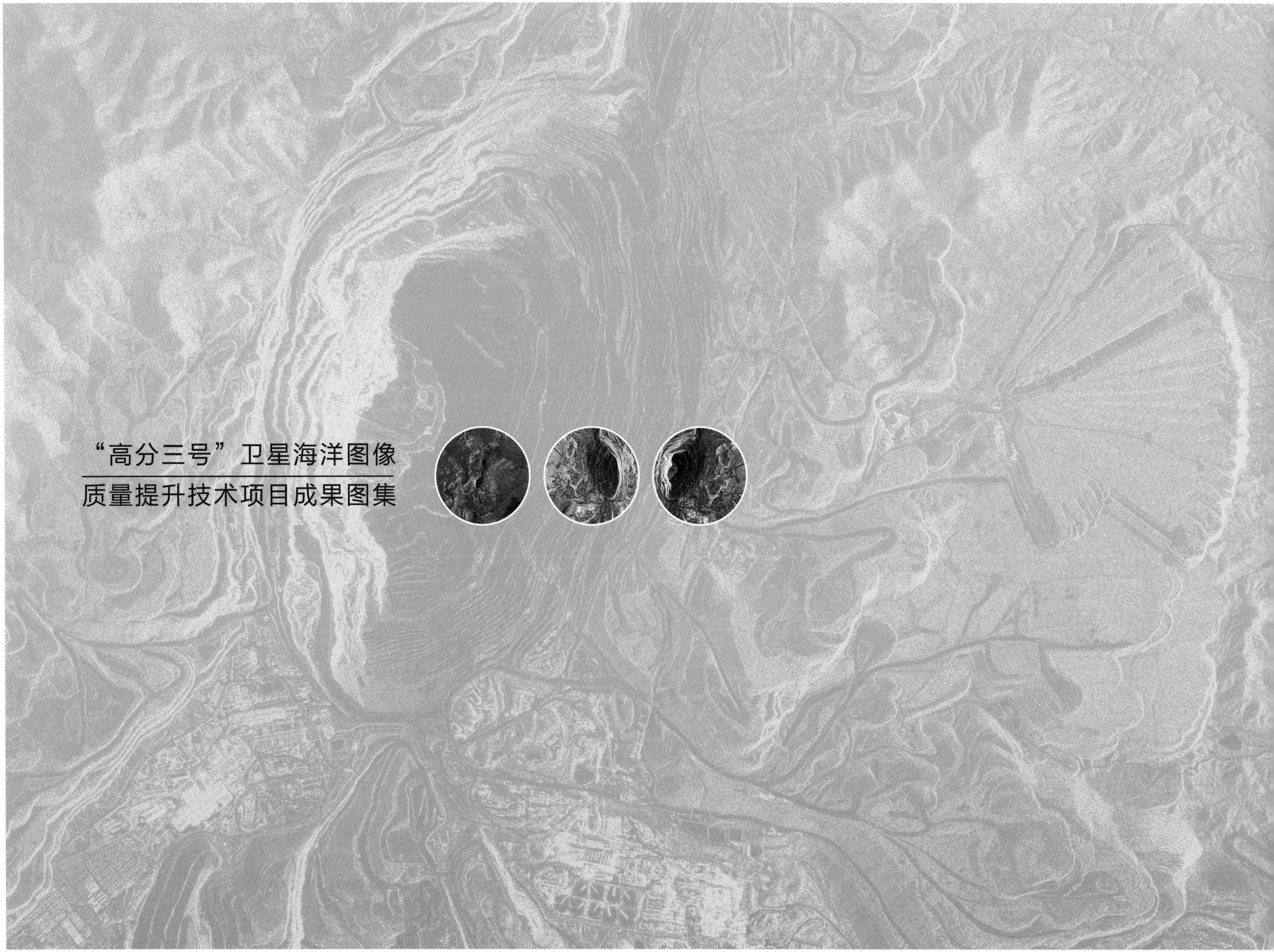

“高分三号”卫星海洋图像质量提升技术项目成果图集

第4章
几何精校正处理

“GF-3”卫星标准数据产品不包括经过几何精校正处理后的数据产品。在国防科技大学与国家卫星海洋应用中心等单位承担的“高分三号”卫星应用共性关键技术项目——“‘高分三号’卫星几何精校正技术”中，研制了基于控制点的几何精校正数据处理软件插件，为“GF-3”卫星高分辨率图像数据应用提供了有力支撑。

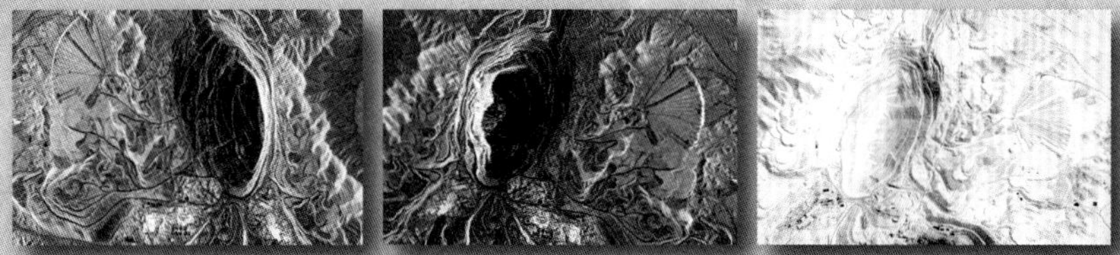

4.1 智利铜矿处理结果

图4.1 智利铜矿几何精校正图像
（“GF-3”卫星超精细条带模式，HH极化，2018年5月4日）

图4.2 智利铜矿系统级几何校正图像
（“GF-3”卫星超精细条带模式，HH极化，2018年5月4日）

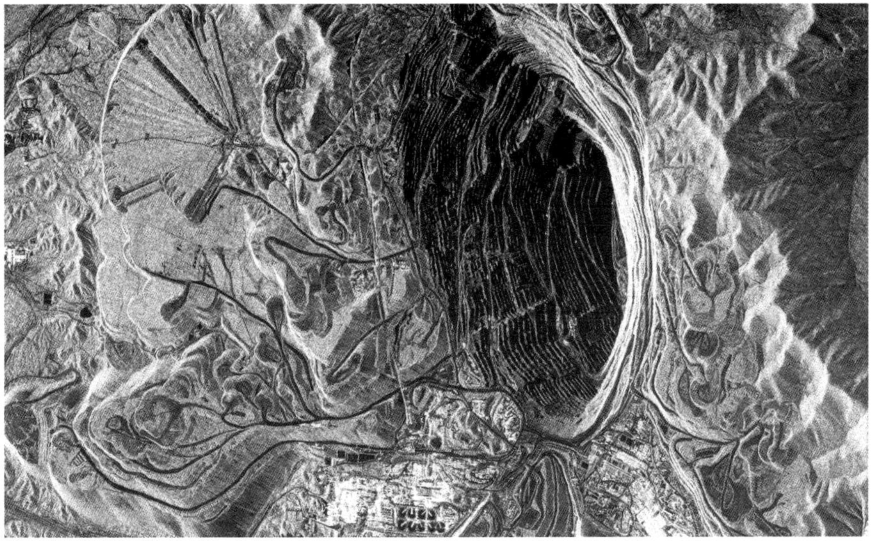

图4.3 智利铜矿几何校正前局部图像

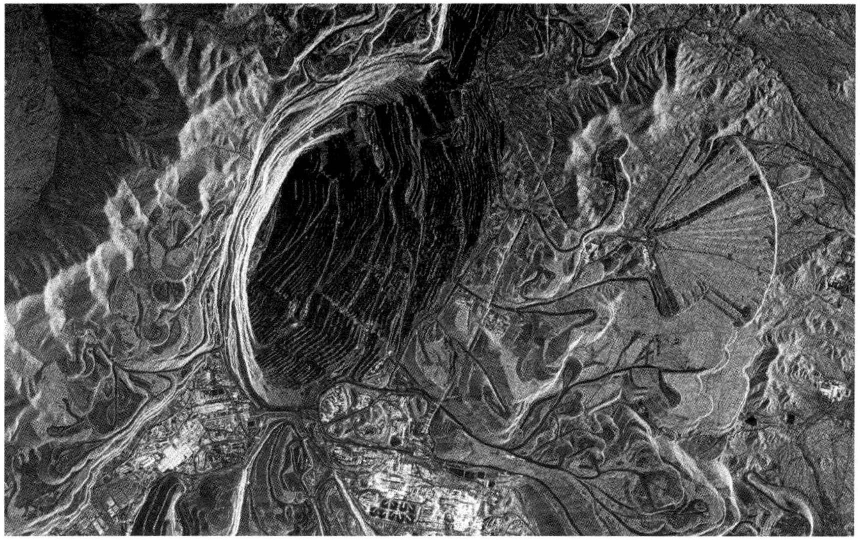

图4.4 智利铜矿系统级几何校正后局部图像

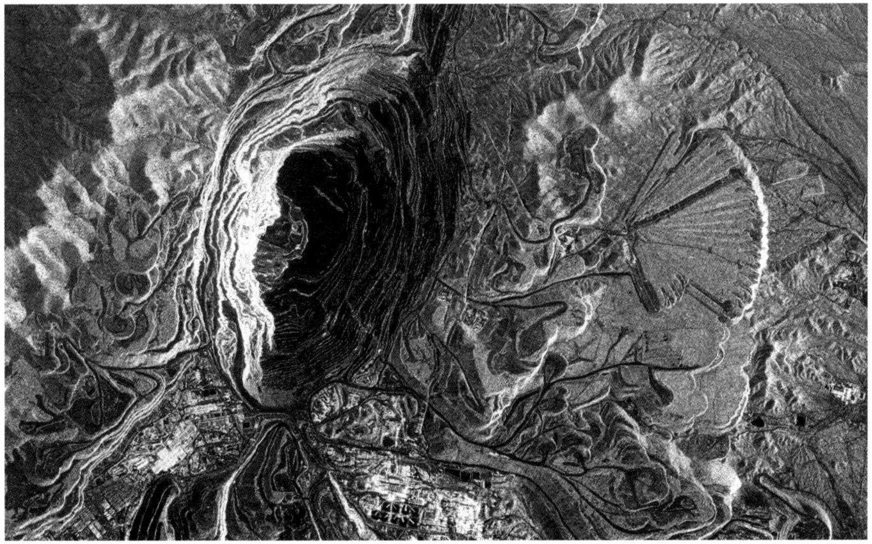

图4.5 智利铜矿几何精校正后局部图像

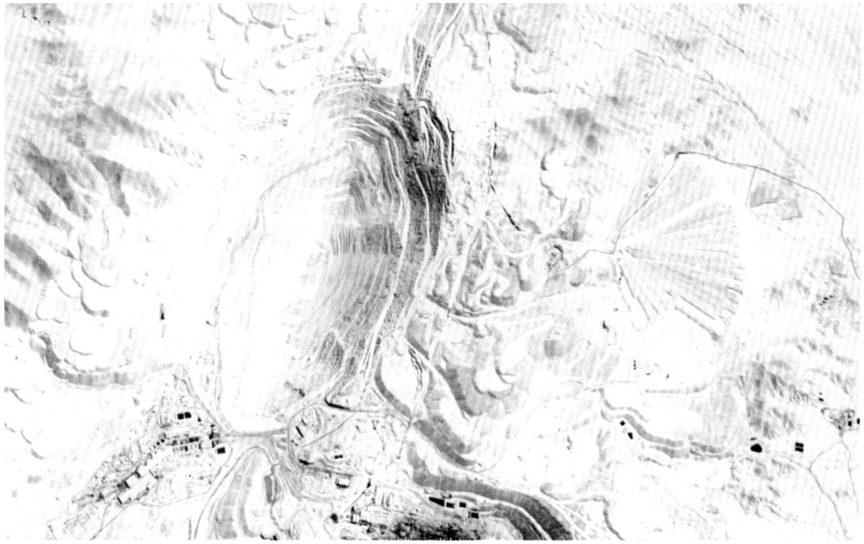

图4.6 智利铜矿光学图像

4.2 四川省汶川县山区处理结果

图4.7 四川省汶川县山区几何精校正图像
（“GF-3”卫星精细条带1模式，HH极化，2018年2月28日）

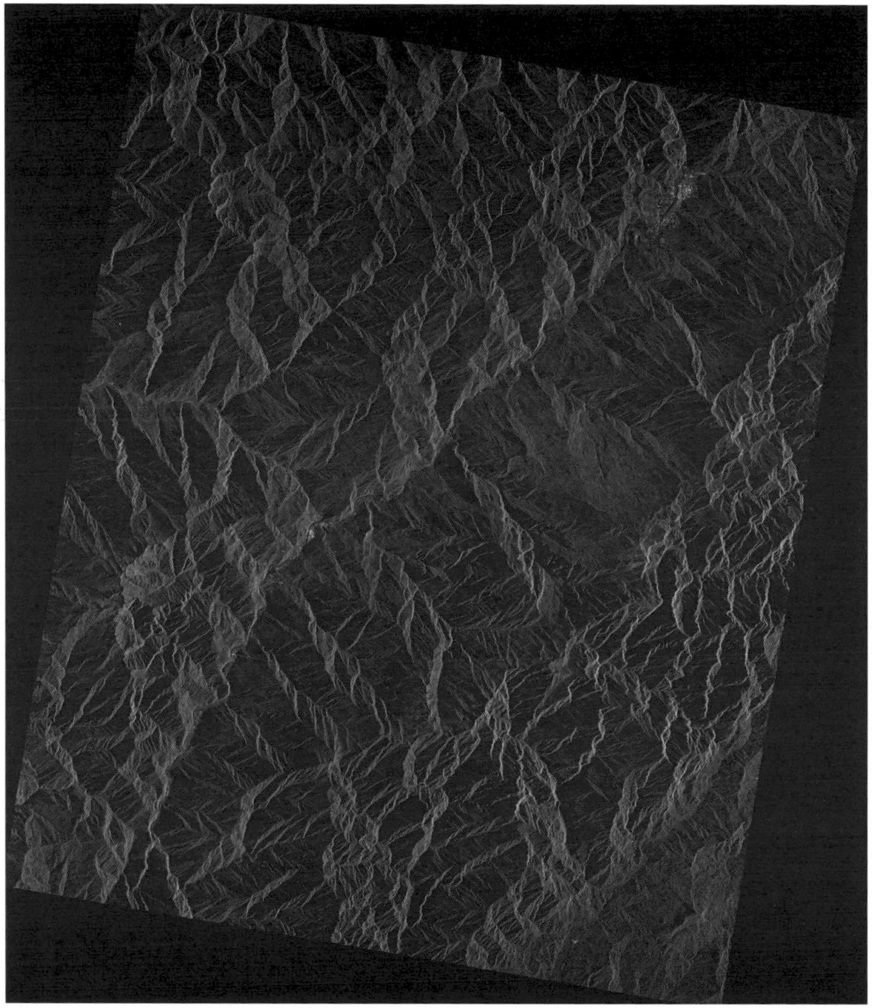

图4.8 四川省汶川县山区系统级几何校正图像
（“GF-3”卫星精细条带1模式，HH极化，2018年2月28日）

第5章 海洋图像质量提升处理

SAR图像中固有的扫描模式“扇贝效应”、方位模糊、旁瓣、相干斑噪声现象会影响SAR数据应用效能。国家卫星海洋应用中心作为主承研单位，联合中国科学院电子学研究所、西安电子科技大学、国防科技大学、北京理工大学和上海交通大学等SAR数据处理领域优势单位，承担了“高分三号”卫星应用共性关键技术项目——“‘高分三号’卫星海洋图像质量提升技术”。

项目突破了基于系统噪声去除的扫描模式“扇贝效应消除”、SAR海洋图像自适应模糊抑制、基于正则化模型的保分辨旁瓣抑制、基于回波观测模型的保分辨旁瓣抑制和多极化SAR海洋图像噪声抑制5项关键技术，技术指标经过卫星在轨测试充分验证，达到任务书指标要求。目前项目研制的数据处理软件插件，已在海洋、气象等领域示范应用系统中进行了试用，效果良好。

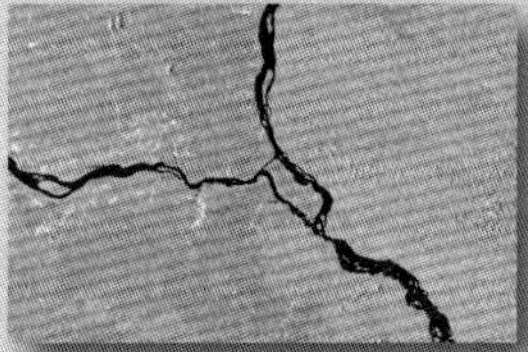

5.1 扫描模式“扇贝效应”消除处理

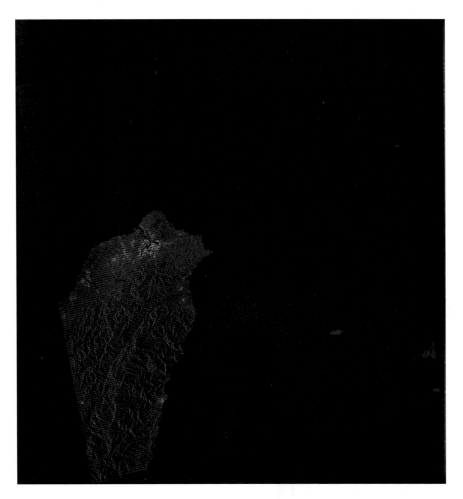

图5.1 “扇贝效应”消除处理前台风“纳沙”图像
（2017年7月29日窄幅扫描模式图像）

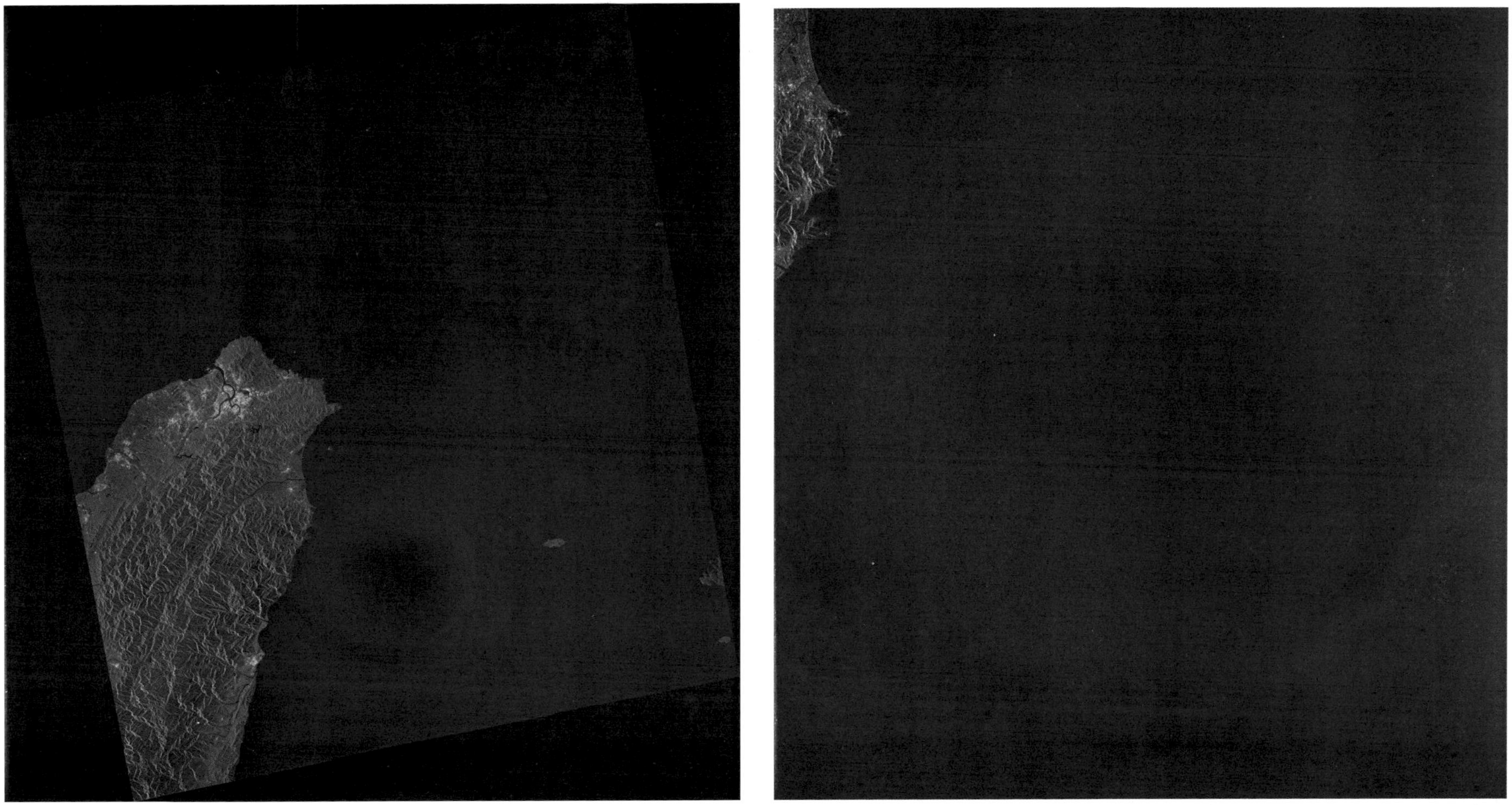

图5.2 “扇贝效应”消除处理后台风“纳沙”图像
（2017年7月29日窄幅扫描模式图像）

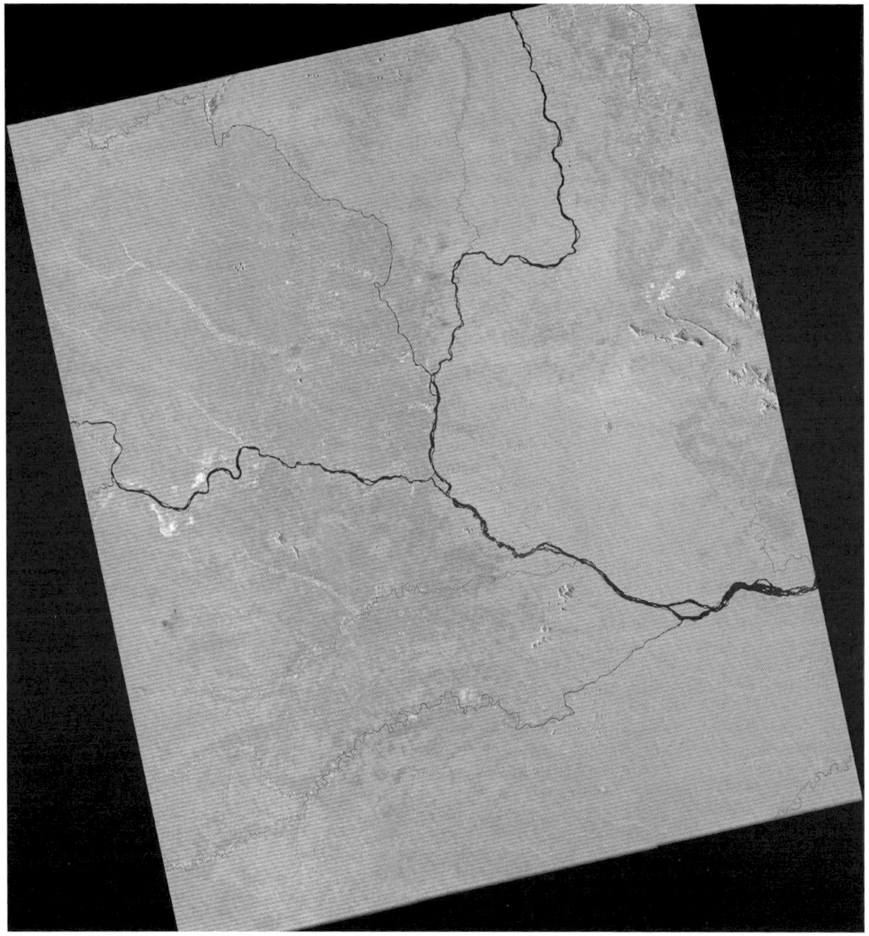
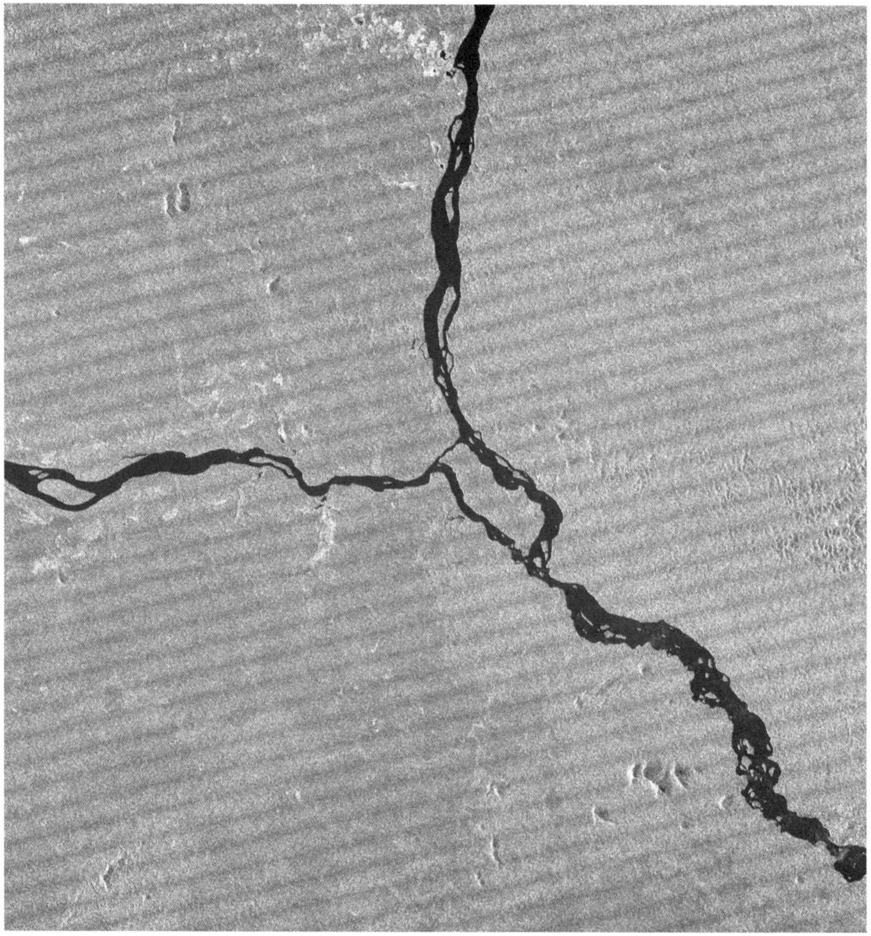

图5.3　亚马孙雨林“扇贝效应”消除处理前图像
（“GF-3”卫星窄幅扫描模式，HH极化，2016年12月24日）

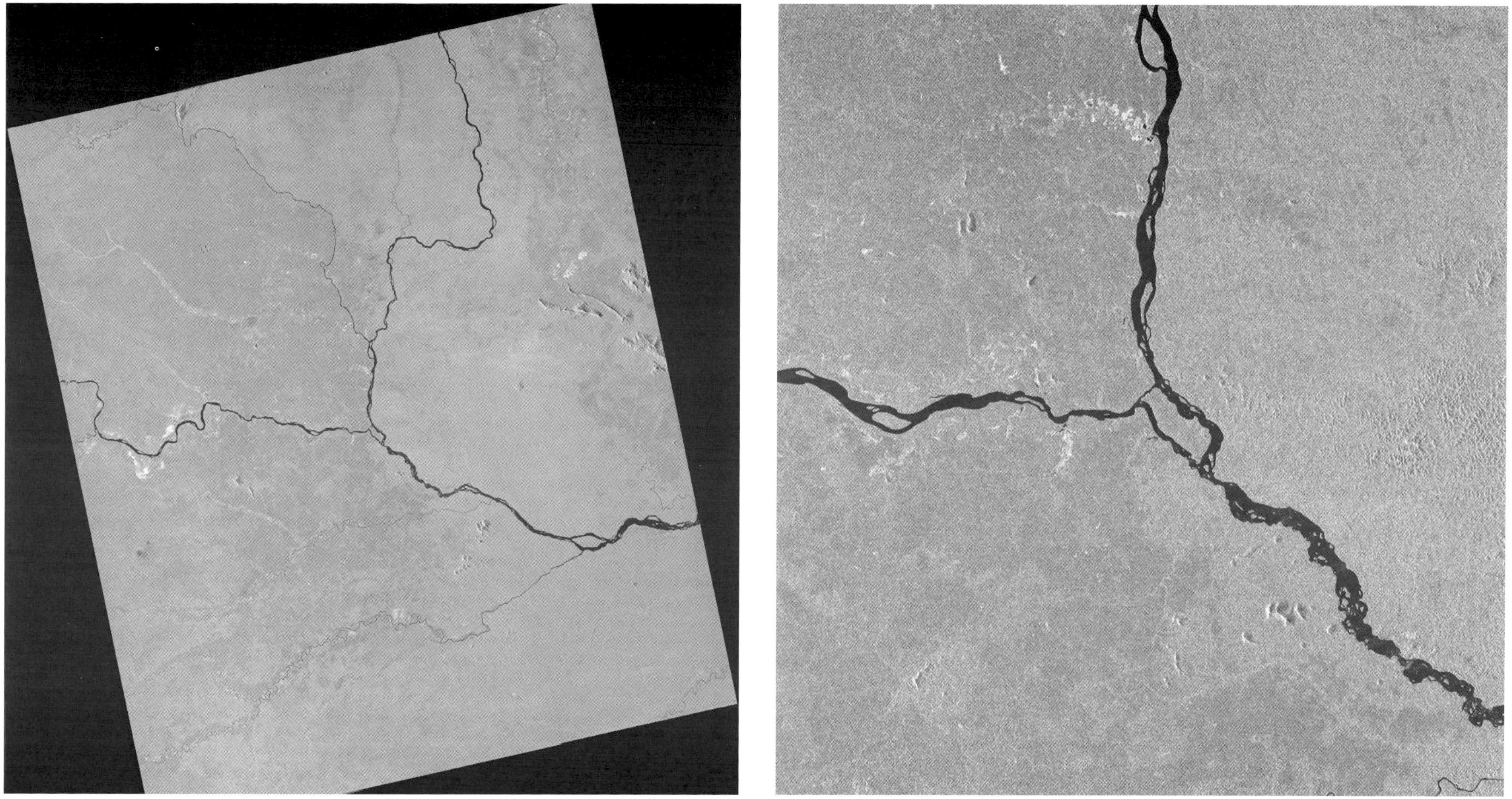

图5.4 亚马孙雨林“扇贝效应”消除处理后图像
（“GF-3”卫星窄幅扫描模式，HH极化，2016年12月24日）

5.2 方位模糊抑制处理

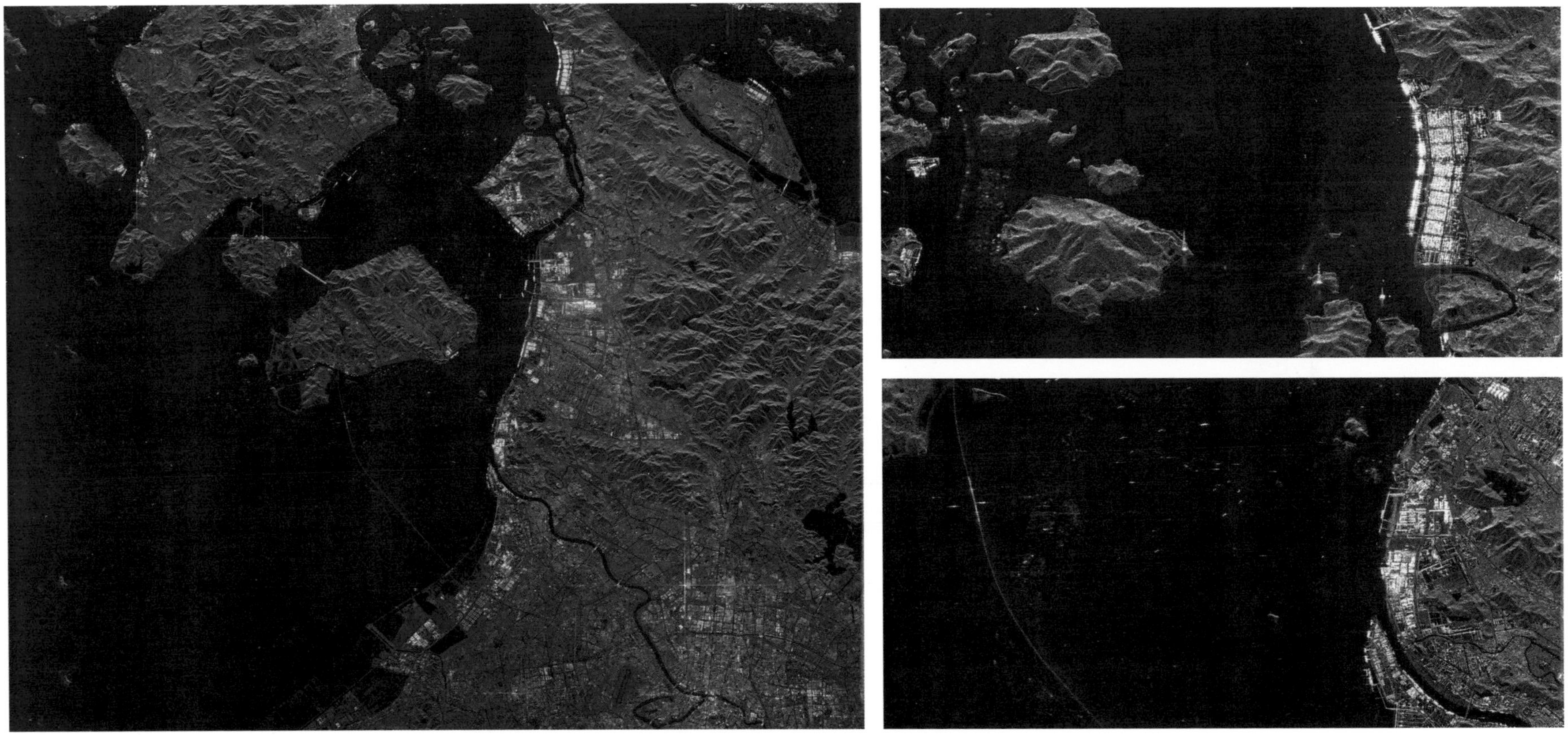

图5.5　海南省南部海域模糊抑制处理前图像

（“GF-3”卫星标准条带模式，HH极化，2017年1月31日）

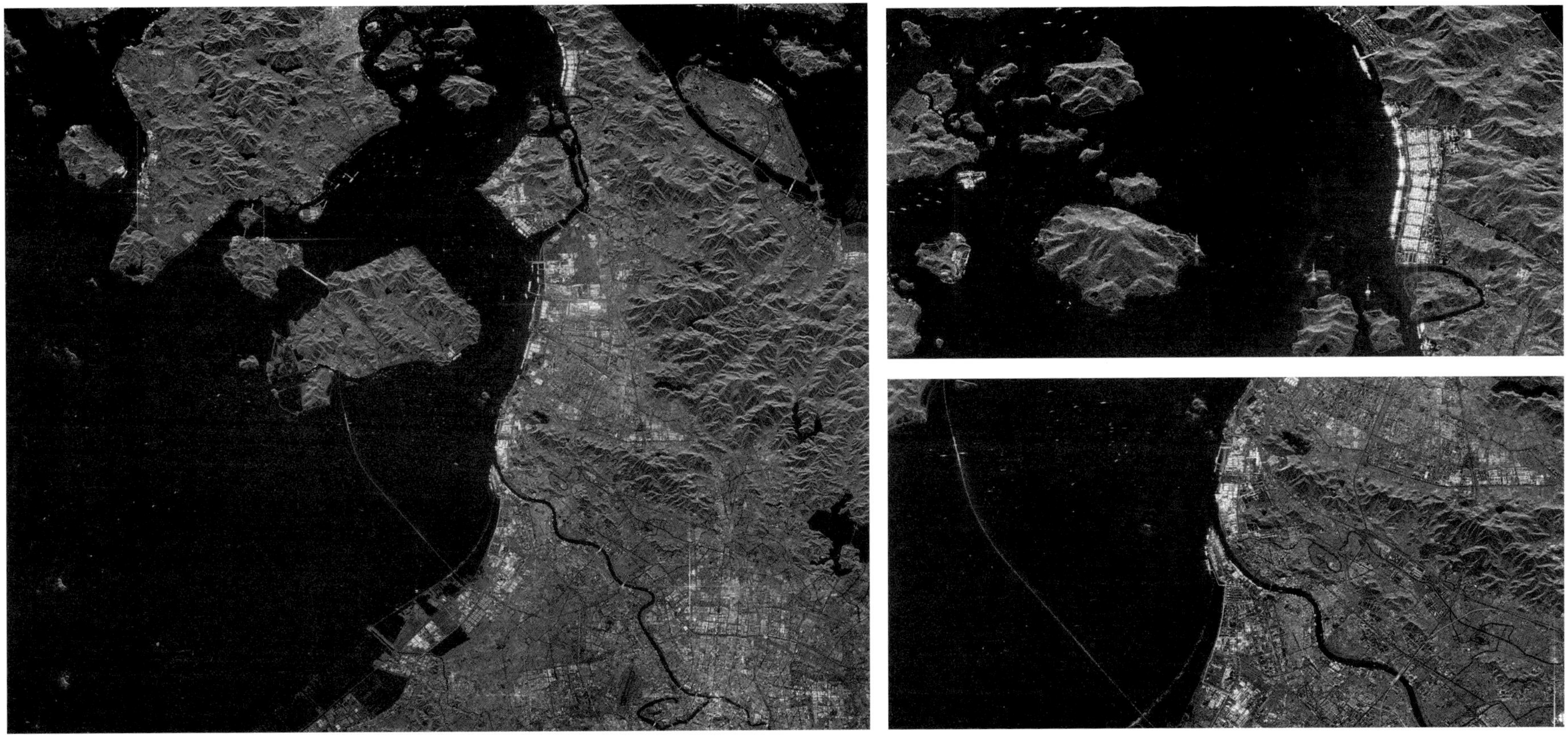

图5.6 海南省南部海域模糊抑制处理后图像

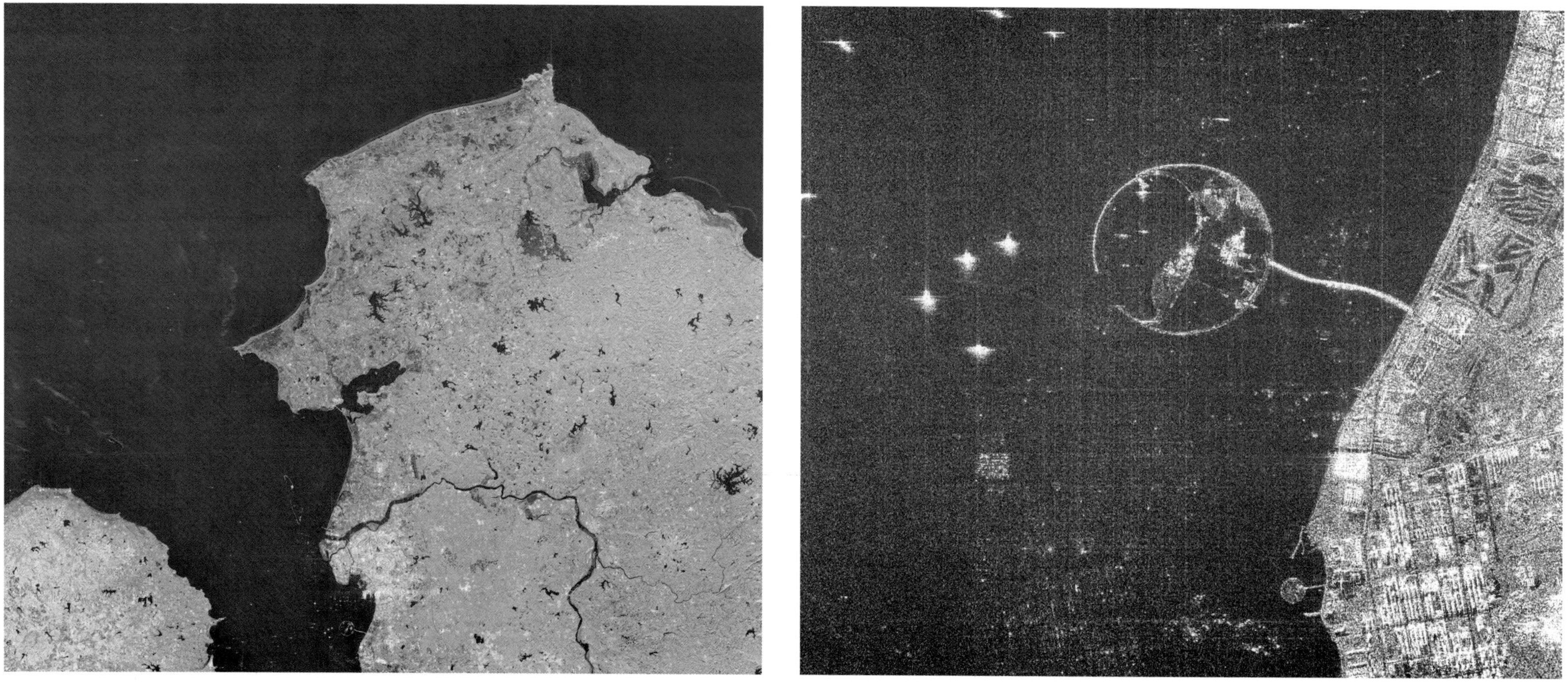

图5.7　浙江省宁金塘岛附近海域模糊抑制处理前图像
（“GF-3”卫星精细条带1模式，VV极化，2016年11月30日）

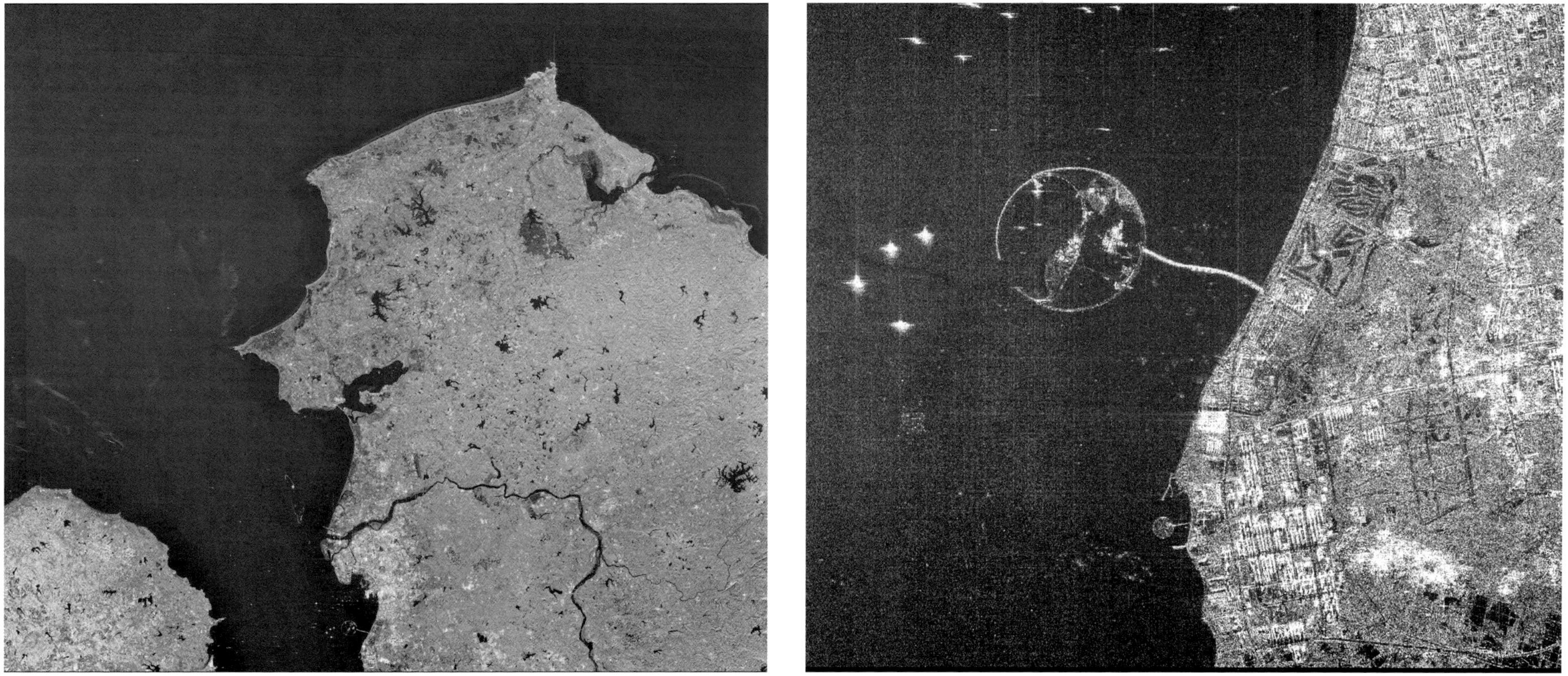

图5.8 浙江省宁金塘岛附近海域模糊抑制处理后图像

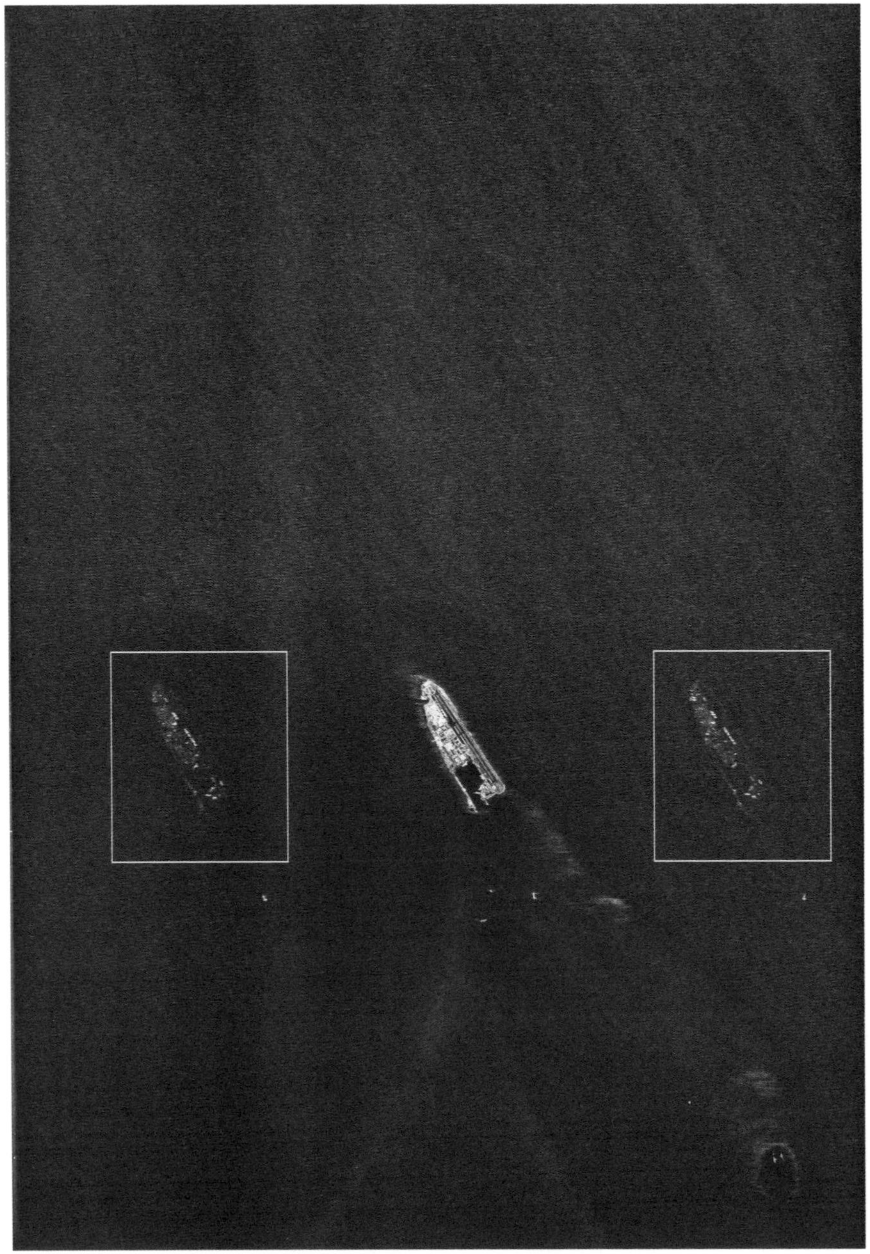

图5.9　海南省三沙市永暑岛模糊抑制处理前图像
（“GF-3”卫星超精细条带模式，HH极化，2017年8月4日）

图5.10　海南省三沙市永暑岛模糊抑制处理后图像

5.3 旁瓣抑制处理

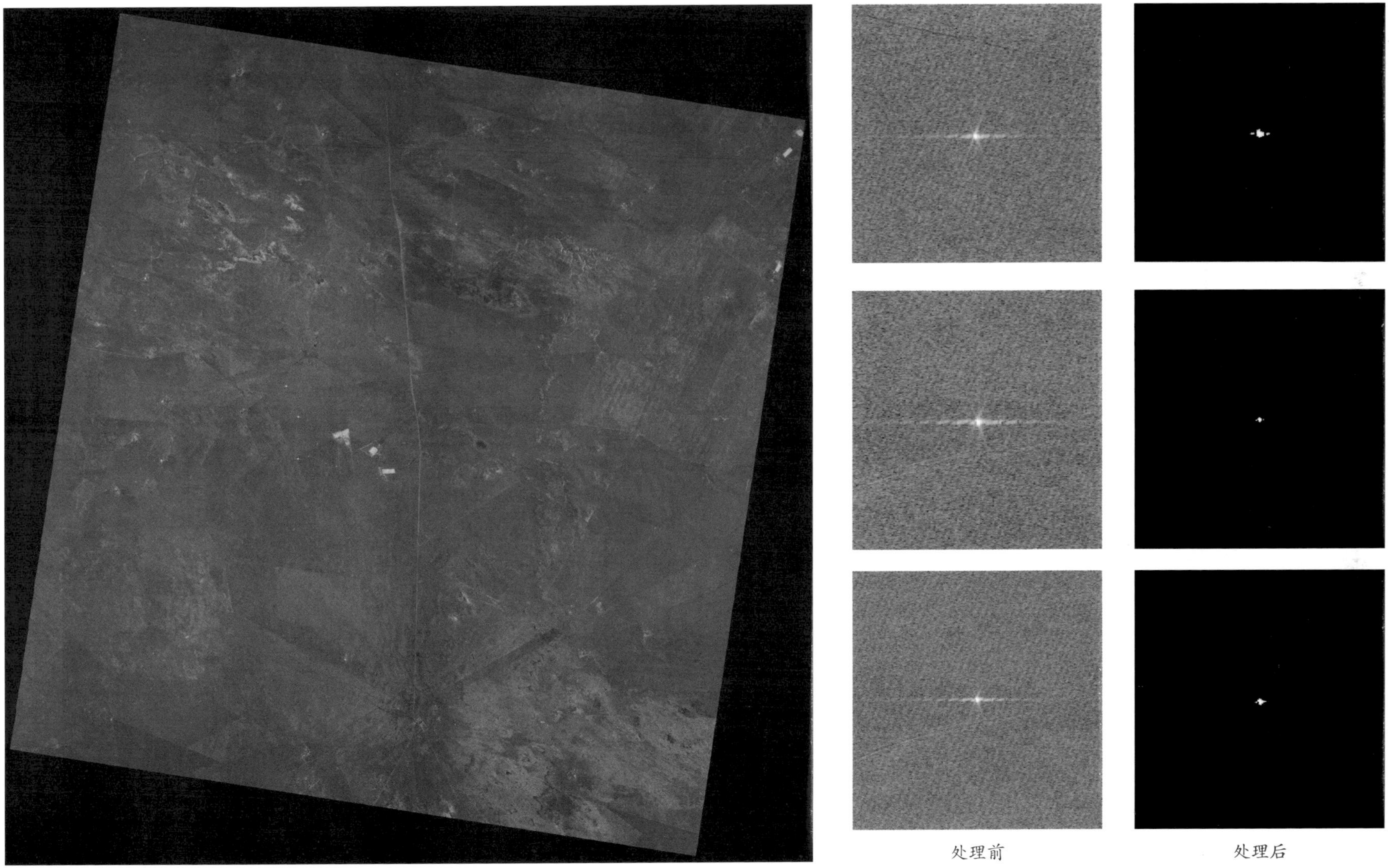

图5.11 内蒙古自治区鄂托克旗定标场图像
（“GF-3”卫星聚束模式，HH极化，2016年9月16日）

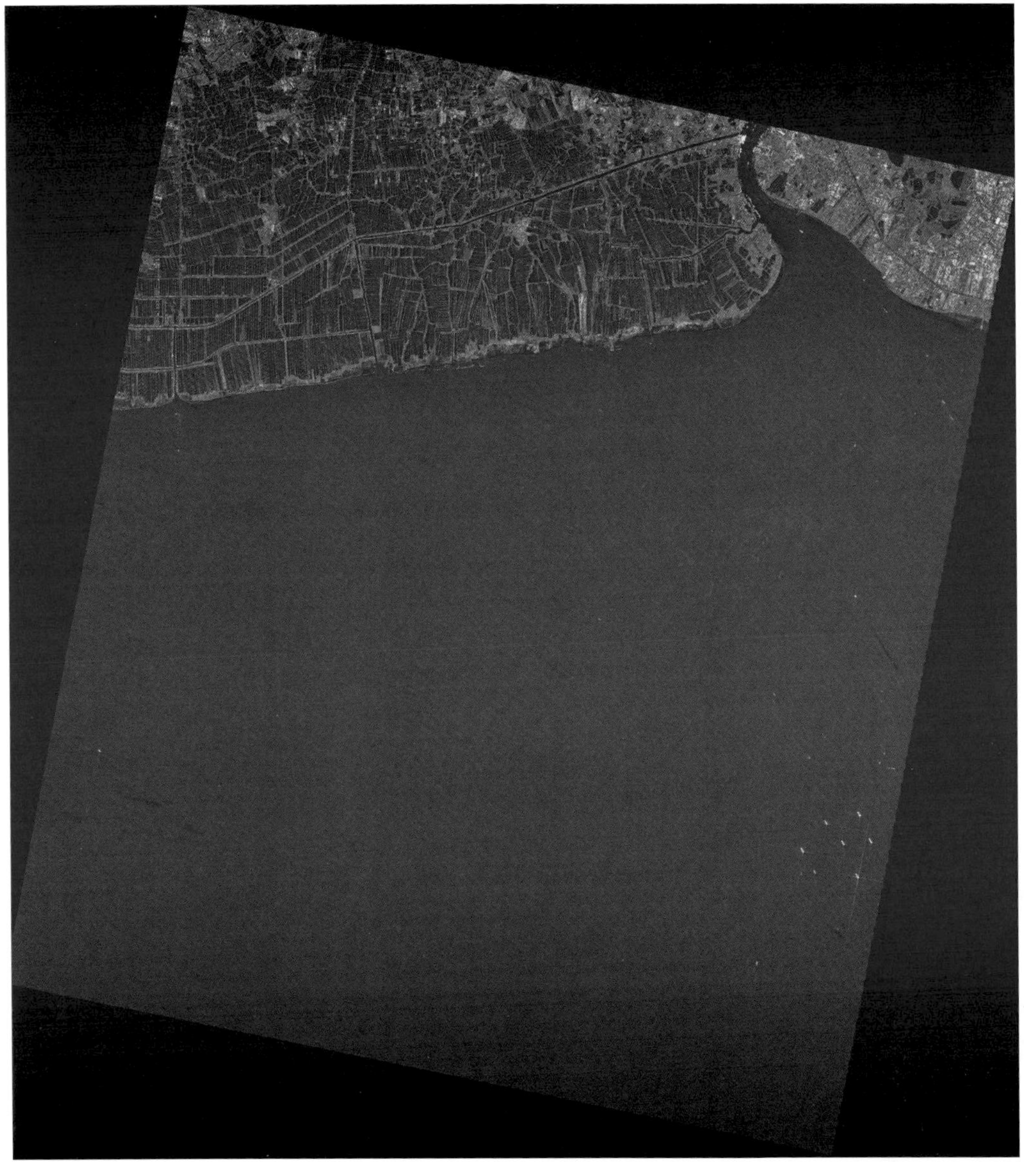

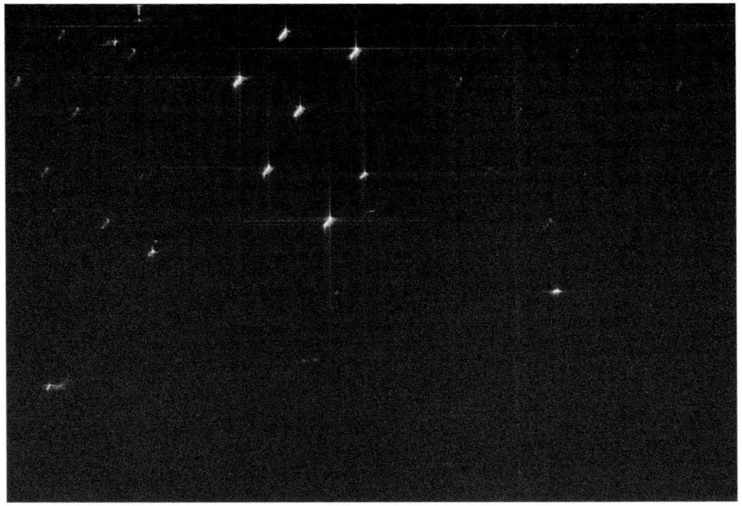

旁瓣抑制处理前船舶图像（全极化数据合成的伪彩图）

旁瓣抑制处理后船舶图像（全极化数据合成的伪彩图）

图5.12　泰国南部附近海域图像
（“GF-3”卫星全极化条带1模式，VV极化，2017年9月2日）

5.4 噪声抑制处理

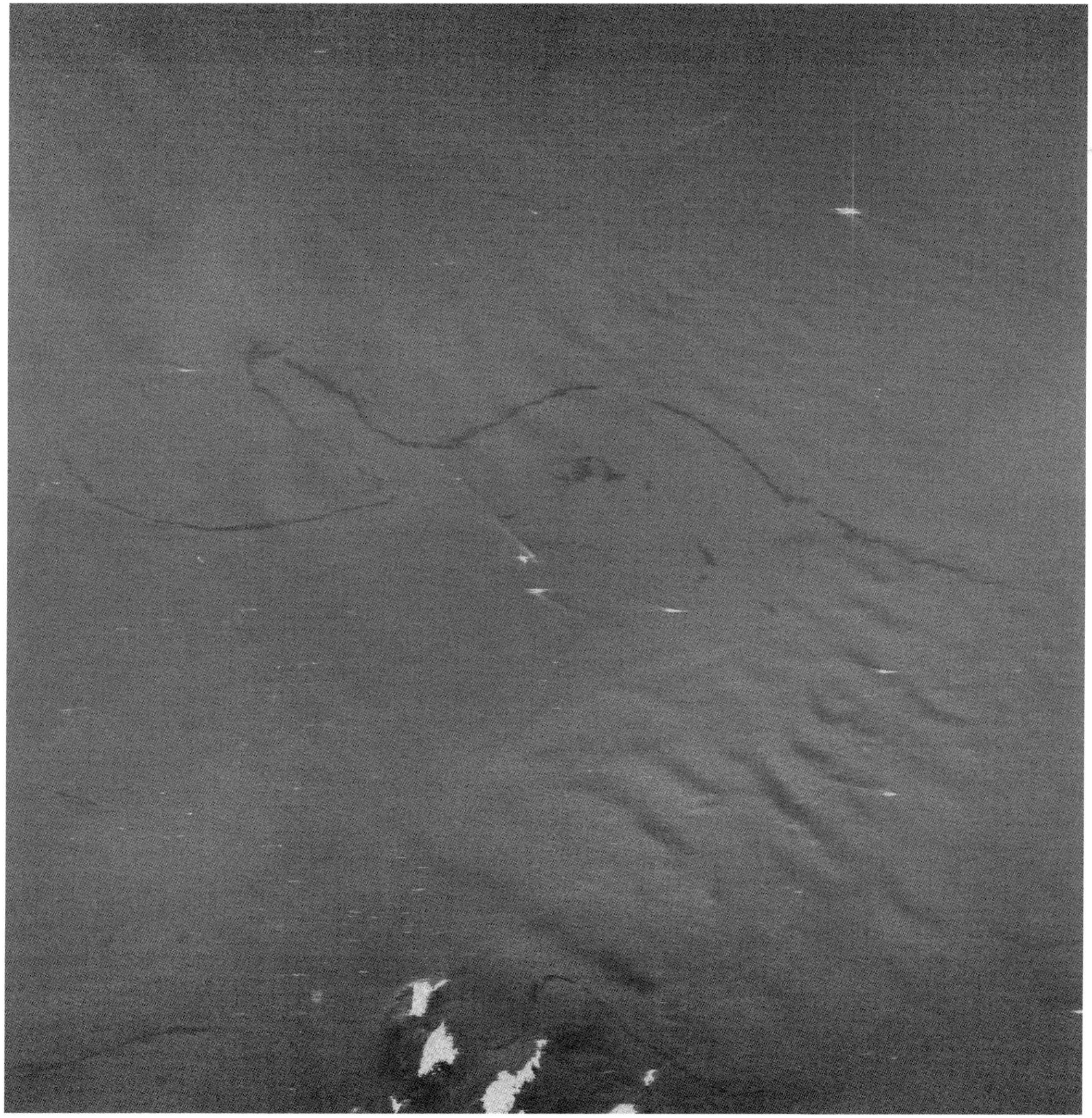

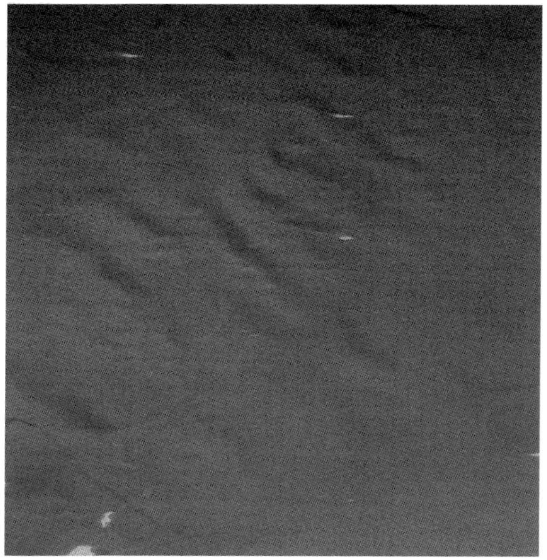

噪声抑制处理前图像

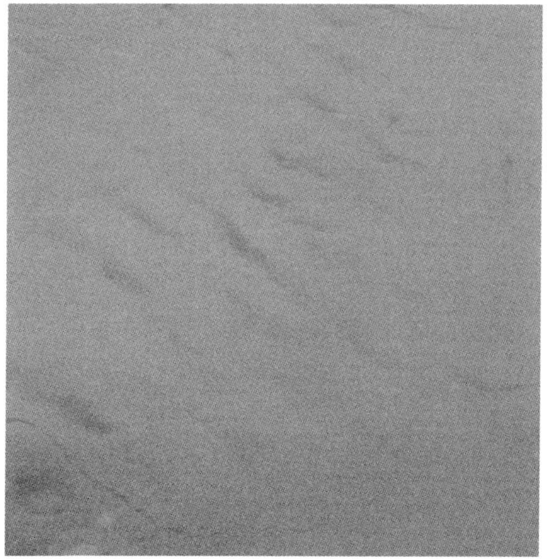

噪声抑制处理后图像

图5.13 浙江省温州市东部海域图像

（“GF-3”卫星精细条带1模式，HH极化，2017年3月9日）

图5.14　山东省东营市附近海域图像
（“GF-3”卫星扩展入射角模式，HH极化，2016年8月25日）

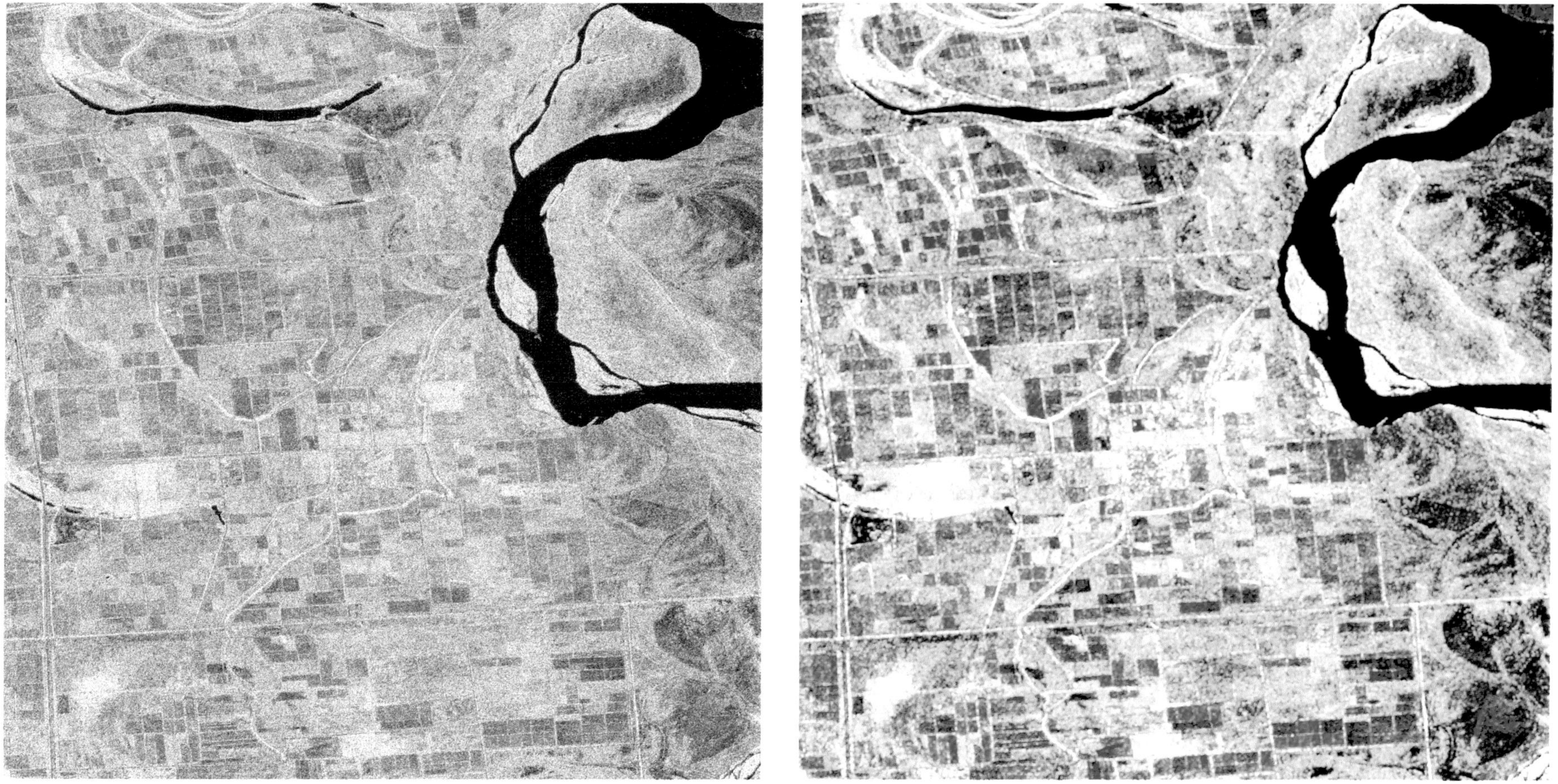

噪声抑制处理后图像

图5.15 哈萨克斯坦共和国锡尔河附近图像
（“GF-3”卫星全极化条带1模式Pauli 分解后合成的伪彩图，2017年5月3日）